图解

微反应

《教你一分钟看透人心》

蒋文杰◎编著

广东省出版集团
花城出版社
中国·广州

图书在版编目（CIP）数据

图解微反应：教你一分钟看透人心 / 蒋文杰编著
. -- 广州：花城出版社，2013.1
ISBN 978-7-5360-6667-0

Ⅰ．①图… Ⅱ．①蒋… Ⅲ．①心理学－图解 Ⅳ.
①B84-64

中国版本图书馆CIP数据核字(2012)第292378号

出 版 人：詹秀敏
责任编辑：李 谓
技术编辑：薛伟民 凌春梅
装帧设计：零三五艺术设计

出版发行　花城出版社
　　　　　（广州市环市东路水荫路11号）
经　　销　全国新华书店
印　　刷　广东新华印刷有限公司
　　　　　（广东省佛山市南海区盐步河东中心路23号）
开　　本　787毫米×1092毫米　16开
印　　张　12.75　1插页
字　　数　180,000字
版　　次　2013年1月第1版　2013年1月第1次印刷
定　　价　32.00元

如发现印装质量问题，请直接与印刷厂联系调换。
购书热线：020－37604658　37602954
花城出版社网站：http://www.fcph.com.cn

目录 CONTENTS

第一章

微反应，
教你看透人心

微反应，也就是所谓的读心术，通过观察人的各种反应可以提高辨认对方是否说谎的准确率，甚至可以达到100%。既然微反应这么神奇与高深莫测，那么什么是微反应呢，它又有哪些表现形式呢？

电视节目《非常了得》以一种全新的益智答题脱口秀方式受到广大观众的追捧，节目中的微反应更是整个节目的亮点。正如节目主持人郭德纲所说，嘉宾姜振宇作为中国研究微反应的第一人，很巧妙地把神秘的微反应带到了大众视线，并且很快就掀起了一股研究微反应的热潮。《非常了得》这一档节目在播出四期之后，人们对于姜振宇研究微反应这一新鲜的学科已经非常着迷了，很多人都对微反应充满了好奇心。

或许很多人在节目《非常了得》出现之前，就已经对微反应有所了解了。2010 年有一部叫做《别对我说谎》（*Lie To Me*）的美剧一经播出就风靡全球，剧中的主角心理学家莱特曼博士就是通过观察人的脸部微表情以及微反应来判断对方是否说谎，并借此来看透谈话时对方内心的真实情况。我们日常主要用于测谎的测谎仪存在巨大的误差，因为测谎仪检测的是谎言引起的焦虑等生理反应，而不是谎言本身。与此同时，通过微反应观察人可以提高辨认对方是否说谎的准确率，甚至可以达到 100%。

既然微反应这么神奇与高深莫测，那么什么是微反应呢，它又有哪些表现形式呢？本章内容就为你解开微反应的神秘面纱，让微反应的世界不再神秘。

第一节　神奇的微反应

　　一般来说，人处在陌生的环境中会感到莫名的紧张与焦虑，希望通过各种身体肢体上的动作或表情来缓解内心的压抑感，以及对陌生环境的不适应感。此外，当人受到外界意外刺激时，生理上的第一反应并不是逃跑，而是首先减轻身体肢体动作，保持瞬间的静止，这一停顿静止冻结反应可以让人看清楚突发状况，以便能更好地更快地作出判断与应对方案。

　　人身体突然僵住或减弱活动的反应，从心理学的角度来说是属于微反应的冻结反应，从这些反应中，可以判断出动作发出者的吃惊，随后可能产生的恐惧、愤怒或是喜悦等心理感受。如果把人的一个完整的动作或者表情被压缩到极致的时候，表现出来的并不是一个夸张的动作或表情，而是一个极小且瞬间的反应，自然就容易被人所忽略了，这就是人们通常所说的"微反应"了。通过这些人受到外界刺激时做出的微弱反应，可以洞察到人内心的真实状态。

　　微反应，全称是"心理应激微反应"，是人们在受到有效刺激的一刹那不由自主地表现出来的，毫无意识的且不受思维控制的瞬间真实反应。从词的来源来说，"微反应"属于外来词，其英文为"Micro-expressions"，通常被翻译为"微表情"，其中"expression"

有表情的意思，还涵盖了表达、表现、词句等多种意义。从心理学的角度来分析一个人的真实心理状态，不应仅仅局限于面部表情，应该要结合人的动作表情、肢体动作、语言意义等表现才能全面地作出判断。因此，在本书中提到的"Micro-expressions"一词，其内涵就不只是指面部的微表情了，而更适合翻译为"表现"。

一般来说，"微反应"让人直接联想到的是身体上的动作反应，狭义上指"微动作"，但广义上的"微反应"包括"微表情"、"微动作"与"微语义"三个方面。第一个方面的"微表情"，属于"面孔微反应"；第二个方面的"微动作"，是指除了面部表情以外的，但能够反射出人内心真实状态的身体动作，这就是我们平时所说的"小动作"，也称之为"微动作"，属于"身体微反应"；第三方面的语言信息本身，包括使用的词汇、语法以及声音特征，称为"微语义"，属于"语言微反应"。

追溯微反应的源头，根据相关的心理专家的调查研究得知：微反应是源于人的本能。

动物们到了繁衍季节，在求偶的时候会充满兴奋的能量；当自己的领地被侵占的时候，便会马上显露出尖牙利爪，希望通过凶狠的表情来击退敌人；当雄霸一方时，便会昂首挺胸地接受部落成员的膜拜；当感受到周围的环境对它们可能会有危险的情况下，它们便会停止正在进行的动作，竖起耳朵且小心倾听与观察周围的环境，以便做出更好的应对措施。动物面对外界环境时会做出各种各样的反应，而人作为地球上的物种之一，亦是如此，不论所做的事情，多么高级复杂，都是为了生存、繁衍。与其他生物所不同的，只是人类的头脑比动物的发达，除了肢体动作外，还用语言交流，学会了制作工具，并发明了很多高科技的工具。

　　虽然说人类与动物之间存在着很大的差异，但在现实生活中，人在受到危及生存与繁衍威胁的情况下，还是会与动物一样做出各种原始的动作反应。这时候人的动作反应类似于动物，而这些反应将会取代人的理性做作而获取控制权，通过这些无意识的微反应，可以观察到人的内心情绪真实情况。

第二节 一分钟读心术

俗话说得好："画皮画骨难画心"，人心是最难预测的。即使是说出来的话，也不一定是内心的真实想法，而通过观察人的微反应可以帮助你读懂对方的心思。

在日常交际中，有时候会遇到喜欢用"老实说"的这些口头禅，那是不是证明对方真的说出了内心的真实情感，还是在假老实呢？有时候也许还会遇到一些在交谈中，喜欢咬嘴唇、摸鼻子、摸下巴或是双手抱臂等小动作的人，那么他们的内心在动作发出时到底在想些什么呢？

现在，用于检测人是否说谎基本上都是用高科技仪器，这些仪器的出现会让人觉得个人的隐私不再保密，似乎只要用仪器一扫描便让整个人的想法无所遁形，说得很玄乎。但是，必须要清楚地知道，现在的仪器能检测到的只是表象，所以如果在有人刻意隐瞒内心真实想法的情况下，仪器是难以检测到人们的真实想法的。在日常生活中，要看透一个人的内心，不一定要靠读心仪器，可以通过仔细观察交谈对方的眼神、行为、举动等微反应，从而捕捉到对方在谈话过程中不经意间流露出来内心真实想法。

言语、表情、行为都能是人刻意做出以便欺骗他人，而唯有在受到外界刺激的一瞬间产生的反应才是最真实的，这里瞬间产生的反应就是微反应。对于微反应的研究，最早产生于美国，美国心理学家奥罗·艾克曼（Paul Ekman）在《说谎》一书中曾多次提到微反应在现实生活中的应用。艾克曼指出，在非常短的时间内出现的脸部表情是微表情，可以用来判断对方内心的真实情绪，而微反应的应用层面则比较广泛，不仅仅局限于微表情，还包括微动作与微语义两个层面。换句话说，就是可以从人的神态、动作以及交谈过程中所用的词汇、语法、声音等都蕴涵很多有价值信息，可以为全面分析了解一个人的内心世界提供很好的依据。

在中国，对于微反应研究最有发言权的人是中国政法大学信息中心主任姜振宇。在《非常了得》节目中，姜振宇教授能够通过节目嘉宾们眼球的方向变动，眨眼的频率，说话神态，肢体语言等的细微表情以及动作变化来观察出心理情绪变化，从而猜透对方的心思，来判断他们是否说谎。

从科学的角度来分析，微反应绝不是一种穿凿附会的概念，所以不能用主观的意识去判断一个人的反应所代表的内心真实状况，必须要有客观的科学考证。在日常交谈中，很多人会很生硬地根据对方的微反应来断章取义，例如会主观地认为只要眼睛直视对方的人没有在说谎，中断眼神交流的则是代表他正在说谎，抬起下巴代表自信等等。但事实上并不是如此，要结合语境来判断对方微反应所代表的意思，有时候直视对方眼睛的人往往正在说谎，中断眼神交流也许是正在回忆，而抬起下巴也可能是尴尬的表现。所以，微反应需要结合语境来判断，如果不了解微反应所代表的心理信息，就会很容易遭到骗术高超的骗子蒙骗，也会对常见的微反应产生误解。

爱默生曾经说过："人只有在独处时最诚实，在他人面前都是虚伪粉饰的。"由此看来，人只要在现实生活中，会被周围物欲横流的环境所影响，变得利欲熏心，在不同的场合会带上不同的面具用来掩饰自己真实面目，每个人的心中都隐藏着一些阴暗面与丑陋的欲望。

在现实中，任何事情都有作假的可能，动作反应也不例外。身体上的表情动作等大部分都是可以控制的，人们也可以通过控制自身的反应来隐藏内心的真实情绪，但也有例外的时候，在人受到刺激时所做出的第一反应是比较难以掩饰。通常来说，受到刺激的一瞬间做出的动作是最原始的，即使马上做出其他动作去遮掩也于事无补，所以抓住一瞬间的微反应对了解人的内心真实想法十分重要。微反应之所以神奇，就在于它可以"以小观大"，让动作发出者心里的真实想法在这不经意间的反应中暴露无遗。

通过人的微反应中看透其内心世界，这与我们平常所说的读心术有莫大的关联。读心术，是一门通过人的外在表现来探测人心理活动的学科，即是认识自己、看透别人、看透人性的一个学问。这些学问研究的对象都涉及到人体在潜意识中发出的信号，而如果能够读懂这些关键线索，对日常的社交活动具有很大的帮助；但如果错误解读了微反应的信息，也许会让你错失很多机会，与此同时，错误的解读也会让你在无形中树敌。因此，学习与掌握一些微反应的知识，可以让你在交际场上读懂人心，减少与人交际的障碍。

中医在帮人看病的时候注重"望、闻、问、切"，而这一道理也适合用于人与人之间的日常交际，在与人交谈中关注对方的相貌，行为举止，眼神等微小的变化来看透他的内心想法。

现实社会中复杂多变的人心让人防不胜防，在各种因素催化下的社会充满了各种陷阱与勾心斗角，一般情况下，我们很难去识别哪个是坏人，哪个是好人，只能提醒自己"害人之心不可有，防人之心不可无"。在生活中，每个人除了真实的自己以外，还会在不同的场合带上各种面具示人，扮演着各种各样的角色，如果能懂些微反应读心术便可以从对方简单微小的反应动作中，洞悉对方内心深处隐藏的秘密，并借此辨别他的品性。这样能在很大程度上帮助你认清周围纷繁复杂的环境。

然而，学会依据人的微反应读懂人心不是一件简单的事，因为不是每个人都会把自己的情绪挂在脸上轻易地让你猜透，所以在洞察人心时要"用心看"、"用心听"、"用心问"与"用心想"，此外还要不断地积累相关的经验。与此同时，必须说明的是微反应读心术并不是万能的，不是学会了微反应读心术就能像美国 FBI 或者《别对我说谎》中的博士一样，能够一眼就看穿对方的心思。这是因为人是感性动物，感情复杂多变，即使你看到同样的微反应也不一定就是代表他本人的真实想法，而且有些人还会故意去掩饰其动作反应。想要了解对方，就要结合语境，并擦亮你的慧眼去观察，这样才能让你在复杂的人际关系中如鱼得水，抢占先机。

第三节　八种最常见的微反应

———✧ Micro-expressions ✧———

　　动物在受到外界的刺激时会做出各种不同的反应来表达内心的情绪，如察觉到周围环境存在有对它不利的因素时，会马上停止动作或是屏住呼吸来观察环境，以便在遇到危险的时候，可以作出更好的决策。人也一样，在相同的处境之下，也会做出原始的动作来保护或掩饰自己，借第一时间反应的动作来缓解内心情绪带来的波动。

　　根据相关调查的结果显示，人一般会有八种微反应，包括**冻结反应、安慰反应、逃离反应、仰视反应、爱恨反应、领地反应、战斗反应、胜败反应**。在接下来的章节当中，将会详细介绍这八种微反应。

　　冻结反应，简单来说就是人在受到意外刺激时的第一反应。这些外界给予人或动物的刺激，是突如其来的且让人猝不及防，而人在受到刺激后会出现瞬间短暂的停顿，借此来洞察周围的环境以便作出应对的决策，主要表现在手脚约束，面容僵化与身体僵住等方面。冻结反应在日常生活中很常见，例如人在受到突然惊吓的情况下，身体会出现暂时的停顿反应，脸部还伴随着惊讶的表情，这就表明动作发出者内心因受到惊吓而把这种情绪反射在身体的反应上了。

　　安慰反应，是指人受到负面影响或刺激时可能出现的一系列反应，批评、压力以及否定等负面刺激是引起安慰反应的重要因素。现实中，喜欢说谎的人身上最容易发现安慰反应，因为人在说谎的过程中会受到各种大脑的暗示，说谎者内心的压力就在这一过程中形成，说谎会在压力逐渐增大时做出手势或其他反应，借此缓解因说谎而带来的压力。换句话说，只要当人对周围环境出现不适应感时，便会不自觉地出现安慰反应。

逃离反应，指的是人感觉到受到威胁，或是内心因产生厌恶或恐惧情绪时所做出的微小反应，主要体现在摸鼻子、咬嘴唇、手脚上的小动作等。虽然人们或许对这些动作已经司空见惯了，但是人在不经意间做出的小动作却真实地反映了人想要摆脱、逃离的内心状态，若在商务谈判或是应聘过程中频繁出现逃离反应，则会让人感觉到你的不自信，或是会有你不能胜任这份工作的错误解读。

逃离反应

仰视反应，是对自己能力高低、地位差异、胜败预测、优劣定位进行判断后的反应。从其本源来看，这是人类进化积累的本能，人都会在不同程度上存在有仰视比自己地位高的人，而轻视比自己地位低的人的倾向。所以，

仰视反应

人为了彰显自己的优势，会本能地抬高自己以建立自己的地盘，也会为了达到某种目的而放低身段。

爱恨反应，是人际关系心理距离的两个极端，即爱与恨所主导产生的反应，爱恨反应在恋爱与婚姻当中最常见。恋爱中的人通常会通过一些微小的反应来向对方表达内心的情感，在爱到浓时，希望对方也像自己一样为爱付出；当爱已成为往事时，双方便会不自觉地拉开彼此的距离。当然，爱恨反应不仅仅会表现在恋爱当中，还会表现在职场中同事之间。一般来说，两个人的身体距离，可以体现出双方的心理距离，也可以透露出双方对彼此的喜爱与厌恶程度。

领地反应，人们在自己熟悉的地方会说"我的地盘，我做主"，而领地反应就产生于人在自己的"领地"中所表现出来的主人翁的风范。人通常在自己熟悉的环境中容易放得开，相对放松、自然，但当自己的"地盘"受到侵犯时，便会引起强烈的不安感觉，甚至反击。在职场上或在日常的人际交往中，应该与对方保持一定的距离，尊重

领地反应

他人的空间，因为"领土意识"对交际有重要影响。

战斗反应，是愤怒的最强体现。在动物的世界中，如果自己的地盘受到他人的侵犯时，便会做出龇牙裂嘴的表情恐吓入侵者，接着就是准备战斗。同样，人的七情六欲都源自于本能需求，战斗反应也是人在受到外界刺激后的一种心理反应，只是表现在肢体语言以及动作上。战斗反应的出现，不仅是人内心愤怒的情绪的反射，还伴有"不会轻易放弃"的行为趋势。

战斗反应

胜败反应，产生在战斗结束后，获得胜利的人便神清气爽，而落败的人则会表现得垂头丧气。在日常生活中，观察人的胜败反应可以分析到其为人处事的态度，还可以有预测事情未来发展的趋势。

了解各种微反应，可以帮助你在具体环境下对他人的情绪，以及心理真实状态作出准确的判断，从而使你在日常交际、商务谈判中如鱼得水。

胜败反应

第二章

冻结反应：
受到意外刺激时的第一反应

在整个动物界，不管是人还是动物，一旦感到危险都会立刻保持静止状态，这是边缘系统提供的有效救命方法，也是最明显的冻结反应。

经过几千年的不断进化，人类像动物一样，在遇到意外刺激的时候，会在第一瞬间，减少身体动作，保持静止不动，甚至屏住呼吸，以便看清突发状况并判断对策。

在整个动物界，不管是人还是动物，一旦感到危险都会立刻保持静止状态，这是边缘系统提供的有效救命方法，也是最明显的冻结反应。

第一节　明显的冻结反应

在动物世界中，兔子会竖起耳朵去"观察"周围的环境，一有什么风吹草动就会马上停止正在做的动作；草地上的羚羊在休息的时候，会时不时地抬起头来视察一下周围的状况，当有危险靠近的时候，就会身子突然停顿一下，并做好逃跑的准备。动物这些遇到危险停顿一下的动作，是明显的冻结反应。

对于人来说，同样也存在相类似的冻结反应，人们在日常生活中，遇到突如其来的变化，人的心理受到刺激就会做出相应的冻结反应，而这些冻结的反应会表现在手脚束缚不自然，面容僵化以及身体肢体僵硬三个方面。手脚束缚主要表现在人紧张焦虑的情况下，手脚摆放很不自然，并且显得很拘谨；面容僵化则是人的面部表情表现得僵化不自然，会给人一种强装的感觉；身体肢体僵硬是人遇到极大的压力

17

感的情况下产生的冻结反应，当事人的手脚会变得不灵活，人的整体运动都显得很呆板，整个身体会僵住。

人的冻结反应，只要你注意观察就很容易发现，例如有人正在焦急地等待高考录取结果，当别人告知他相关信息时，他便会停下其他无关紧要的动作，而手脚的摆放以及面部表情就会显得很僵硬，有的人天生容易紧张甚至会严重到全身僵硬。又例如有人突然受到惊吓时，首先会停顿一会儿，且伴随着惊讶的表情。这些冻结反应都是人内心情绪状况的一种反射，身体或者动作反应都是在瞬间发生的，一般人如果不留意观察是很难察觉到的。但了解了这些简单常见的冻结反应，就可以大概猜透谈话中对方的内心所想，对日常交际与商务谈判等都有一定的帮助。

一、最古老的冻结反应——跪叩

今年以来，最火的电视剧莫过于《步步惊心》与《甄嬛传》等一系列的古装剧了，在《甄嬛传》中，我们不但能看到后宫一众妃嫔明争暗斗的情节，还可以看到古代宫廷礼仪，其中最常见的就是跪叩礼。上至朝廷命官、妃嫔，下至宫女太监见了皇帝，都毫无例外地向皇帝行跪叩礼，其实，这一古老的跪叩礼也是种冻结反应的表现。

在古代，人们认为如果不下跪的拜，不能称之为拜，而且会根据不同地位阶级的人施行不同的跪拜礼。当时的文化气氛里，时时事事讲究礼，所以要求人们在正式的社交场合必须严格遵守跪拜礼，通过跪拜礼来体现人与人之间的敬意，而所谓的跪叩就是双膝着地，挺直腰杆，并且双手要碰地。宫廷内会有专门的机构对宫廷人员的礼仪进行培训，以求达到帝王们对礼仪的要求。如果从心理学的角度来解释跪叩礼的盛行，刚出现的时候是作为祖先求生本能，久而久之便流传下来了，可以认为这是人自我保护的一种方式。

从心理学上去理解的跪叩是人的自我隐藏保护的方式，我们可以先从一些动物的动作来理解，跪下、趴下等动作都是一种蓄意待发或消极的等待的姿态。对于人来说，跪叩还没成为一种礼仪之前，整个跪叩动作过程中，跪下双膝着地就把人的重心下移，有防止身体重要部位受到伤害的作用。此外，叩首是把头直接放在地上，手挡在脑后可以很巧妙把身体最脆弱的地方隐藏起来，在不能逃跑的情况下很好地保存了自己的性命。随后，跪叩才演变成了对上级尊敬的一种等级森严的礼仪。

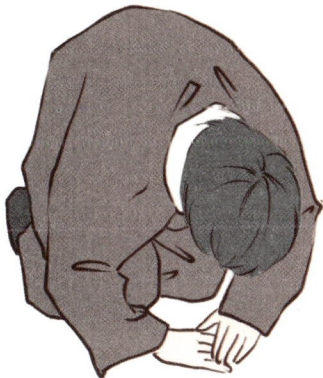

古老的叩跪

😛 二、最常见的冻结反应——束缚

在日常生活中，或许你会时常看见有些人很喜欢把双手交叉放在胸前；有些人会不停地跺脚或者是抖脚；有些人在与他人交谈时，手脚会放得很不自然，总感觉放在哪都觉得不对劲。其实，这些都是人冻结反应的表现，外界有新的刺激源冲击人的内心时，人就会受到紧张或焦虑的情绪影响，进而这一心理情绪波动就会反射在人的肢体语言上，手脚不由自主地变得冰凉僵硬，感觉很不自在。

俗语说："台上一分钟，台下十年功。"说的是站在舞台上的演员即使是表演一分钟，也要有十年以上的训练与练习才能保证在台上的表演不出错。一般来说，第一次站在舞台上表演的人，内心或多或少都会有些紧张与压力，无论脸上表现得多么从容淡定从容，内心还是会担心自己的演出会出错，担心台下的观众对自己不认可，就连久经战场的著名歌手伍佰到了现在还会说自己上台时会很紧张，手脚就变得很不自然且很不听话。其实，站在台上的人在潜意识中就给自己一种的压力，这里面就伴随着冻结反应，唱歌的就会不知道怎么拿麦克风才会自然些，手也不知道该怎么放，跳舞的动作舒展不自然。由此可见，我们生活中一些冻结反应还是比较常见的，而它们的存在往往揭露了人内心的真实情感。认识一些明显的冻结反应不仅能让我们了解他人的内心情绪，还可以给自己一个提醒，尽量避免引起印象不好的冻结反应的出现。

现实生活中，一些明显的手脚冻结反应很容易察觉，在会议上，你会发现一些比较容易紧张的人在发表意见的时候会不断地掐捏自己的手指，这是他缓解内心压力的一种方式；在一个陌生的环境中，人们会有一定的警觉心，时常把手交叉放在胸前，这是预示着他对外界有种抗拒与防御的心理。

以上的两种冻结反应都比较频繁，人们也很容易发现，而有时候冻结反应也不易被人发现，它们的出现会引起人们的错误解读。譬如说女子处在紧张或者压抑的环境中时，如果是站立时经常会把双腿并拢挺直，腿部肌肉会处在一

束缚女子

个紧绷的状态，双手则拉住放在身前，此动作的出现，对微反应没有什么了解的人会单纯地把它理解为害羞，但如果对冻结反应有所认识的话，就可以初步认为她内心处在紧张的状态中。如果是坐下的情况，她便会不自觉地将双脚紧紧地靠在一起，下意识地克制双脚的动作，结合她的谈话与行为举止，以及略显谨慎的表情，便可以判断她内心处在紧张焦虑的状态下。

拘束状态女子

在相同的情境下，男子则不会像女子一样摆出小家碧玉的手势，而是会不自觉地将双手拉住放在背后，借此来缓解自己面临压力时的局促感。除此之外，你也许会发现一些上台演讲或者日常交谈中的人会很喜欢把手插在裤兜里，看起来很酷，但其实这一微小的动作也是当事人为了缓解周围环境给他带的压力与紧张感而做出的一种冻结反应。

通常来说，人之所以会有手脚的冻结反应，是因为内心受到紧张焦虑等心理情绪的影响。当人处

约束站立男子

21

在陌生或者无法掌控的环境中，会有莫名的担忧且容易没有安全感，而内心就处在弱势的情绪下便出现不同的手脚冻结反应。手脚冻结反应产生时，收缩向后退的肢体动作反映了当事人示弱以及隐藏自己的消极心理心态，企图通过缩小手脚动作的活动范围来减少内心的压抑感。与此同时，站立与坐下时拘束的双脚静止不动，极力克制内心的不安情绪，这样可以更好地去应对未知的状况，为接下来有可能产生的更大或者更消极的刺激做好应对的准备。

如果想更好地去了解与观察因内心紧张焦虑所产生的手脚冻结反应，可以多留意去参加考试或者参加工作面试的人群，这一类人群当中更容易产生冻结反应。应试者往往是处在一个弱势的心态，面对不可预测的未来容易产生担忧的心理情绪，从而就会出现一系列的冻结反应。

第二节　最隐晦的冻结反应

在日常情况下，当人受到外界的刺激时，就会产生反映内心情绪的不同程度的冻结反应。据研究结果表明，外界对人的刺激越大，人的冻结反应的幅度以及维持时间就越长，除了上一节提到的明显的手脚冻结反应外，其实还存在一些比较隐晦的冻结反应，包括屏住呼吸、面部僵硬、身体僵硬等。呼吸节奏以及面部表情都可以影射出人的内心真实状况，在日常交谈中，人们可以通过这些微反应去猜透交谈对方的心思，从而让事情发展可以更为顺利一些。

狮子在捕猎的过程中，准备出击之前总会潜伏着自己的身躯，屏住呼吸蓄意待发，因为如果一旦呼吸稍微大一点就很容易被猎物察觉而失去大好的机会。不难发现，人在遇到突发事件时总会倒吸一口冷气或者短暂地屏住呼吸，观察周围的变化并做好应对的策略。当周围的突发情况升级时，人的冻结反应不仅是屏住呼吸了，面部表情以及身体就会不由自主地开始变得僵硬，有的人会表现出手脚冰冷，这也可以解释人为什么在想逃跑的时候会先停顿一会。

一般情况下，隐晦的冻结反应都在一瞬间发生，不留心是很难察觉的，想通过人身体的微反应去了解人的内心所想，就要学习相关的知识，并应用于生活实践中，这样才能不断地发现冻结反应等一系列微反应的"言外之意"了。

一、让内心暂时平衡——屏住呼吸

屏住呼吸，是一种很常见的隐晦的冻结反应，就是在客观条件的影响下，呼吸不由自主地屏住或者降低呼吸的幅度与频率来缓解外界环境的冲击，使自己的内心可以处在一个暂时的平衡当中。

我们平时所说的"呆如木鸡"，就是指人受到惊吓后神情呆滞，面容惊讶的表现，但其实这也是人受惊吓后产生的一种冻结反应。根据

屏住呼吸

心理学家们的研究调查发现，人在吃惊的情况下会本能地作出一个瞬间的身体停顿，倒吸一口气并屏住呼吸或减弱呼吸频率，借此来缓解内心的惊慌。如果惊慌的程度进一步加深时，就会变成恐惧，屏住呼吸的时间就会相对较长，尤其在特定的环境中无法逃脱与反抗的情况下，屏住呼吸的冻结反应表现得就更加明显。

屏住呼吸的冻结反应在总结会议上很常见，在总结这一类的会议上，与会员工通常面容会保持严肃的表情，手脚也会出现冻结反应，整体就会给人一种拘束的感觉。当领导对总结的事情提出批评的时候，在座的员工通常会做出沉默的表情，同时也会屏住呼吸或降低呼吸的频率，生怕自己的呼吸会打扰到领导的发话，平常我们所说的环境空气就像"凝结"一样就是这种情况了。屏住呼吸的冻结反应，一方面

可以知道与会员工内心充满了焦虑与恐惧，害怕自己的工作得不到领导的认同，害怕受到领导的批评；另一方面，在拘束的环境当中保持沉默，屏住呼吸的冻结反应可以在一定程度缓解内心的焦虑感，而且还能在如此严肃的场合当中隐藏自己，不容易受到别人的关注。

但现实当中作为老板，如果发现你在批评员工时，员工并没有出现屏住呼吸的冻结反应，而是有些明显的鼻翼外扩以及抿嘴等的微表情时，就应该考虑一下，自己的批评是否有失偏颇或是另有隐情了。

人内心紧张、焦虑或者受惊吓时，为什么会做出的屏住呼吸的冻结反应呢？心理学家们对此做出了解释，屏住呼吸或降低呼吸的微反应是种远古本质的隐藏，是种在复杂的环境中保存自己生命的本能反应。对于这一解释并不难理解，动物为了避免成为猛兽的"盘中餐"，在躲藏的时候就会刻意屏住呼吸，因为呼吸稍微大一点，气流的流动和呼吸的声音就会把自己所处的位置暴露了。所以，如果不用屏住呼吸的方式来隐藏自己，随时都有丢掉性命的可能。同样，人类特定的环境中想刻意隐藏自己也会屏住呼吸，这是人在紧急焦虑下所做出的瞬间反应，是一种本能的微反应。因此，当人遇到外界的负面刺激时，都会做出屏住呼吸或者降低呼吸频率的微反应。屏住呼吸是由人的心理主观情绪引起的，是人希望通过这一微小的冻结反应来减少他人对自己的关注，以便更好地隐藏、保护自己，或者借此来缓解周围环境带来的压抑情绪。

😜 二、内心的焦虑——面部的僵化

屏住呼吸是人在遇到外界刺激，内心紧张焦虑所做出的一种冻结反应，可以认为是人的本能反应之一，此外，面部也同样存在类似的冻结反应。当人处在拘束的环境中时，面部会不由自主地僵化，笑容变得不自然且缺少变化。

一般来说，人受到外界的刺激越大，其冻结反应也就越大，两者成正比。因此，当刺激源大到一定程度时，其内心情绪的波动就会反射在脸上，面部表情也因此变得僵硬。如果你注意观察去参加面试的人群，你会发现他们的手脚会不自觉地出现各种因内心对未知情况的担忧而出现的冻结微反应，面部的肌肉也会出现微小的抽搐，表情非常的严肃。

人越是想克制内心情感的流露，就越容易让内心世界真实的一面赤裸裸地被人看透，而这些有价值的信息就会通过面部表情来传达。脸上的五官都是"传情"的主导者，人的眉毛、眼睛、鼻子嘴巴的一举一动都会透露出很多心里真实情况的情报。例如你看到一个人的瞳孔睁大，眉毛紧缩且鼻孔外扩的话，那就要考虑他是否处在生气愤怒的状态当中了；如果一个人的眉头紧缩，面部表情僵化且缺少变化，同时还伴随着目光呆滞的情况，那就应该考虑他是否处在紧张焦虑当中。通常来说，人处在面容僵化时，面部肌肉会不受控制地抽动，你越想去克制，其冻结反应就越明显，冻结反应维持的时间也越长久。

三、身心兼拘谨——身体的僵化

在台湾综艺节目中，有个叫"康康"的艺人扮演一个叫做"紧张先生"的人物，这位紧张先生只要一遇到些意外的事情，就会情不自禁地全身僵硬发抖，并不断冒出豆大的汗珠。动作夸张的"紧张先生"受到很多观众的喜爱，因为他单纯且紧张的样子很讨人喜欢，与此同时，"紧张先生"把人在遇到困难或危险时做出的身体僵化的冻结反应表现得淋漓尽致。这些冻结反应都间接地反映了人内心所处的状况，虽然有些因为动作微小而不容易被人发现，但如果能够注意观察与学习微反应相关的知识，还是能通过微反应猜透人内心深处的想法的。

在日常生活中，有些人天生就很容易紧张，而且一紧张就会出现手脚僵硬不听使唤的情况，甚至有的人会身体僵化。身体僵化，是人受到外界刺激而产生的一种冻结反应，在遇到危险时，人们往往第一时间并不是撒腿就逃跑，而是身体先会停顿一会儿且停留在原地不动，身体瞬间僵化。

身体僵化的冻结反应，在球场上很容易发现。人们在打羽毛球比赛时，当对方发球时，另一方就会站在一个比较有利的位置上准备接球。一旦对方发球了，接球一方的身体在稍微停顿后，就会做出向前接球的动作。如果对方发失球，接球一方的身体僵化冻结反应会更加明显，或是对方的发球来得太猛烈而无法接住的时候，胆小的人会做出一个蜷缩的躲避动作，这也是身体僵化的冻结反应，借此来寻求心理上的自我保护。

第三节　隐藏错误的冻结反应

　　在生活中，冻结反应是一种内心自我保护的体现方式，也是一种暴露心理状态的方式，通过微小的冻结反应，可以了解人的真实想法。而一些冻结反应会在不经意间把人们的内心真实状况袒露无遗，这样就算是你想刻意隐藏的情感也会被人轻而易举地看透。此外，面试时的恐惧感，夸张的动作以及手上的小动作等都会引起他人的关注，有些甚至会引来别人厌恶的眼光。这样，微小的冻结反应不但表现了你的不自信，也让你错失很多机会。

　　或许很多人会有过不少面试的经验，第一次去面试的时候会有兴奋的感觉，但更多的是紧张与焦虑，因为不知道面试官会问些什么问题，也不知道自己的是否有能力胜任自己面试的职位。这些内心的忧虑会反射在一些冻结反应上，在等待面试时会出现不断地跺脚或抖动脚，不断掐手指的焦虑动作，在面试期间也会出现面红耳赤的现象，这些都是内心对面试存在焦虑而产生冻结反应。

　　其次，一些过于夸张的动作也会引起周围人的侧目，虽然有些只是个人的习惯而已，但这样深深地影响着个人形象，也暴露了个人性格的缺点。此外，在日常交谈中，有些人喜欢撩拨头发、频繁摸鼻子以及摆弄手指等小动作，这些小动作虽然说不伤大雅，但是隐藏了错误的冻结反应，透露出你个人的内心真实情况，让他人猜透你的心思。

认识与了解隐藏错误的冻结反应，可以让我们尽量避免一些引起负面影响较大的冻结反应，有利于我们避免这类冻结反应的产生，能够更好地隐藏与保护自己。

一、消除面试恐惧症

微博上因天津卫视的现场招聘节目《非你莫属》，而引起了一场轩然大波，一个名叫郭杰的法国留学生在节目的现场时，面对十几个公司企业老总对他的尖刻提问，当场晕倒了。在这里暂不谈论郭杰的举动是否掺杂了表演的成分，也不去谈论主持人与公司老总们的做法是否恰当，我们单从郭杰在面试过程中晕倒这一点，来分析一下面试恐惧症。

面试恐惧症

面试，是很多人已经有过的经验，有些人一提到面试就有种莫名的紧张；有些人则表现为兴奋，屡试不爽而被人戏称为"面霸"。对面试有恐惧的人，在进入面试之前就不断地在心中默念自己事前准备好的说辞以免有什么闪失，但这往往是加剧他们紧张焦虑情绪的症结之一。

面试恐惧症，是人在面试过程中因为内心的紧张焦虑或是恐惧所产生的一种冻结反应，它对面试的人来说，是种不良的冻结反应，会引起些负面的影响。近年来，大学的扩招与市场提供的职位有限，造成了就业竞争日益加剧，人们的压力也随之上升。在这种密集的就业竞争压力下，应试者们更加重视面试的机会，希望能够得到一份满意的工作，这样一来就会给自己更大的压力。有些人对面试存在很大的焦虑，一是平时缺少类似的面试锻炼，二是生性就比较腼腆怕生，所以他们通常到了陌生的环境，见到陌生的面试官就会紧张，手脚冰冷，面容僵化等，这些都是因为面试恐惧症而产生的冻结反应。

从心理学的角度来看，面试恐惧症是为了隐藏错误的冻结反应，源于人们对周围陌生环境的不熟悉，对未知情况的不确定性而产生的一种抗拒情绪，这种潜意识的自我暗示会导致人处在一种不安与焦虑当中。内心复杂的焦虑情绪便不自觉地反映在身体上，一般面试者会表现为面红耳赤，表情严肃凝重且声音低沉，手脚也不由地产生微小的颤抖反应，这些都由人的内心情绪所引起的，很难人为控制。所以，观察面试者内心是否处在紧张焦虑的状态，从而考虑对方是否适合招聘的职位。

在现实生活中，有一些手脚的冻结反应对人产生负面的影响，例如有些人一紧张或者焦虑就会喜欢不停地抖动自己的双脚，而频繁抖动的双脚不但透露出你内心正处于焦虑的状态，还让周围的人对你产生厌恶之感。对于这些明显的有错误的冻结反应，应该通过一些方法去克服，以免造成更多的失误而错失机会。

对于克服面试恐惧症的冻结反应，在这里为大家介绍几个简单的方法：首先，在接到面试通知的时候就证明你是一个足够优秀的人，所以面试前就应该自信一点而不是一直幻想面试官会出些故意刁难你的提问。其次，若在面试前真的抑制不了自己恐惧的情绪，那么可以通过听音乐或者嚼口香糖的方式来缓解症状，并避免其他比较明显的冻结反应的出现。此外，面试紧张的朋友可以通过放轻松深呼吸的方法来缓解压抑的情绪，据调查结果可知，控制呼吸可以让足够的新鲜空气进入肺部，可以很好地让紧张情绪得以缓解，为你即将进行的面试助跑。

二、夸张的动作表情容易让人烦

相信很多人都知道有个台湾综艺节目叫做《大学生了没》，在节目当中出现了一个叫"hold 住姐"的人，一时间占据了各大网站的各大娱乐头条，她以夸张的妆容以及动作迅速吸引了观众的眼球。在娱乐至死的时代，"hold 住姐"能够以夸张的动作表演吸引人的眼球一点也不出奇，但如果不是一场表演，夸张的动作虽然依旧会引起别人的注意，可是更多的是得到别人"嗤之以鼻"的态度。

根据美国相关实验表明，人在说话时运用手势或其他肢体动作时，除了可以更好地表达内心的情绪时，还可以了解到说话者的心理状态，因为手势在一定程度上可以缓解心理负担。追溯到手势的出现，在远古时候，没有语言的情况下，手势是祖先们用以表达内心情感的一种生存本能，而随着手势的发展，久而久之就成为了人们在说话时加强语气与强调的一种手段。

夸张的动作表情也是一种错误的冻结反应，是人处在陌生的环境当中，为了适应或缓解内心压抑情绪所做出的一种习惯性动作，人的夸张动作是在日常生活中养成的，但在紧张或者焦虑的情绪下，表现得更加频繁。从人的这些动作举止，可以看出人的性格特征，譬如说动作幅度小且轻的人，一般都比较害羞，不容易在人面前展现自己的实力，但做事认真谨慎；与此性格相反，动作幅度大且夸张的人很有激情，容易冲动。所以，即使是一些微小的冻结反应，也可以充分地看出个人的性格特质，可以猜透动作发出者的内心动机。

在日常的谈话中，说话时加上一些适当的动作表情，可以让你觉得你活泼热情，而且看起来不拘束，但是如果动作表情过多且夸张的情况下，则会让人产生厌恶的情绪。例如在交谈中，有些人喜欢抖动脚，而频繁地抖动动作会让交谈的对方对此产生厌恶的情绪，这不但影响了自己的外观形象，还干扰到了他人的情绪，让别人也同样出现了躁动不安的心理状态。与此同时，有些人会遇到一点小事就喜欢做出各种夸张的动作表情，希望借此引起别人的注意，但或许他们没有想到自己夸张的动作表情在得到别人关注的同时，也让周围的人觉得他们性格偏向于浮夸，虽然富有热情，但也得认真考虑是否把重要的任务交给他们。

由此可见，欲盖弥彰的夸张动作不但暴露了你个人内心焦虑或者不自信的情绪，而且也会让别人因此产生厌恶的情绪。

三、拒绝手上小动作

从心理学的角度来说，夸张的表情动作会引起他人的关注，也会让周围的人不由自主地产生厌恶的情绪。而在日常生活中，很多人都会有些手上的小动作，这些小动作虽然没有大幅度的动作范围，却同样会赤裸裸地把你的内心世界暴露给别人，这些小动作的出现与形成都说明了你所处的环境，也是你心理状态的一种动作反应。

在日常的交谈中，如果你发现对方喜欢频繁地触摸鼻子，那么这时你就要考虑对方是否对事情的真实情况有所隐瞒，还是有故意说谎的嫌疑。一般来说，人在说谎的时候会有很多心理反应表现在身体的肢体动作上，而摸鼻子这一手上的微小动作就是其中的一种。从心理学上来说，摸鼻子是"皮诺基奥"效应的表现，也就是说人在说谎的过程中，鼻子会因为血液流量增多而导致血压瞬间增强，引起鼻子的膨胀并伴有刺痒的症状，这时人就会习惯性地用手去触摸鼻子，借此来减轻刺痒感。这一动作，在人不注意观察的情况下是很难发现的。

摸鼻子

其次，很多爱美的女生喜欢动不动就用手撩一下秀发，其实这一动作是在无意识的状态下发生的，是日常生活中形成的一种习惯性动作。但是无意间的撩头发这一动作，如果在一些严肃的场合当中，便会在无形中对个人形象造成一定的影响，频繁的撩头发会让人感觉到动

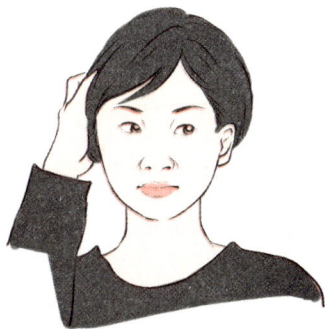

撩头发

作发出者不自信的一面。此外，有些人在紧张或者焦虑的状态下，不仅会不断地撩拨头发，还会不断地掐捏自己的手指。如果当人们处在压抑环境中，手上的这些动作便会帮助人们缓解内心的紧张感。但掐捏手指的动作，同样暴露了内心的真实情感，别人可以轻而易举地抓住这一缺点来猜透你的心思。

此外，人在与交谈的过程中，都会不自觉地把手交叉放在胸前，在心理学的角度来看，这一动作是人自我保护的心理状态的反射。如果是公开交谈或者是面试的过程中，最好不要出现类似的手部动作，这样既不利于交谈，也会让人有种不易亲近的感觉。与此同时，在日常交谈中，即使在紧张的时候也要把手自然地摆放，不要一感觉到紧张便把手随便搭在脖子上，因为有相关调查研究结果表明，把手放在脖子上来回移动也是人内心不自信的一种表现，同时也存在说谎的嫌疑。

不难看出，内心的一些隐藏情绪可以通过手上的小动作表现出来。一般来说，微小的动作在瞬间发生，比起刻意的动作来说，不容易受到控制，所以更能反映人的内心真实情感。所以，在想了解人内心所处的真实情况，可以结合环境气氛，多观察对方的手上的微反应；与此同时，也可以通过了解别人的微反应来警醒自己，以免这些小动作暴露自己的弱点。

第三章

逃离反应：
躲避来自外部的威胁

何为逃离反应呢？逃离反应，是指人受到有可能伤害自己的刺激时，自身表现出现或厌恶或恐惧或惊讶的情绪，在没有战胜威胁的信心时，表现出来的反应。

在中国古代的兵法策略中，有"三十六计，走为上计"的说法，人在遇到外界的威胁而无计可施时，通常会采取逃跑的方式来保护自己，其实，逃跑也是人的一种本能。

远古时代，当人类面临危险而又处于劣势时，往往采取最能保命的方法——逃跑，来保全自己。经过一代一代的适应和进化，到了现代社会，人们在面对威胁时很少动辄拔腿就跑了。然而"逃跑"的本能并没有消失，只是人们用更加隐晦的方法来表达，即做出一些逃离反应，让自己远离潜在的威胁。

何为逃离反应呢？逃离反应，是指人受到有可能伤害自己的刺激时，自身表现出或厌恶或恐惧或惊讶的情绪，在没有战胜威胁的信心时，表现出来的反应。

逃离负面的刺激源，可谓是人类进化的结果之一，对生存和生活都有着巨大帮助。试想，如果手指在碰到针尖时不懂得立即避开，那么手指不被深深刺伤才怪。如果说手指遇针的逃离只是小事一桩，不见得人的逃离反应有多大作用，那么请看这个案例。多年前在网上曾疯传游泳领队请鳄鱼来帮助游泳队员提高泳速的故事。游泳领队看到队员的游泳水平一直停滞不前，特意借来一些已经有攻击性的年幼的鳄鱼，在队员练习时便投入泳池中。队员为了不遭受鳄鱼的伤害，而不得不拼命往前游，无形中提高了游泳的速度。如果不是逃离反应的帮助，估计游泳队员们早就沦为鳄鱼的盘中餐了。由此可见，逃离反应在生活中占有不可替代的地位。

第一节　逃离反应的实施过程

　　逃离反应在日常生活中的作用颇大，通过对逃离反应的了解，从而可以探究出他人的心理状态，较清晰地了解对方意图。但在了解逃离反应的种种表现之前，首先需要关注逃离反应的前奏动作，因为只有认识了逃离的热身动作，才能抓住逃离反应的本身，揭开内心隐藏的秘密。

　　人逃跑时，全身都会参与，需要消耗大量能量，尤其是双腿。运动的能量来自体内储存的糖分和吸入的氧气进行的氧化作用，所以当想逃跑时，需要做好两个准备工作：一是呼吸（吸入氧气），二是血液循环（运送能量物质）。那么逃离前具体的热身动作有哪些呢？

一、逃离反应的前奏——深呼吸

　　人在陌生的环境中或是内心有不适应感的情况下，会产生紧张与焦虑的情绪，这时，往往会采取深呼吸几次的方法来缓解内心的压抑感，这个动作其实是逃跑前奏的反应之一。

　　所谓深呼吸，是指胸腹式呼吸联合进行的呼吸方式。深呼吸能让肺部吸入更多的新鲜空气，从而增加血液里的含氧量，促进和加快营养物质的完全氧化，给机体增加能量，而氧气和能量对逃跑来说都是十分重要的。另外，深呼吸对于解除疲劳，放松情绪有很大益处。所以深呼吸不仅能提供逃跑所需的物质，还能稍微平复紧绷的神经。有专家建议，那些尝试克服恐惧情绪的人当感到压力极重时，可以尝试深呼吸的方式来舒缓神经。

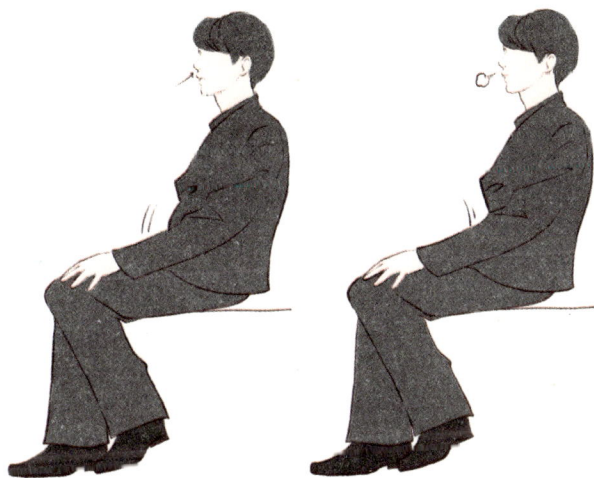

深呼吸

逃跑前的深呼吸可分为两种：一种是快速有力的深吸气，有时快速到别人难以察觉。譬如，人在感到惊讶时，会极快地吸进一口气，紧接着脸部会做出惊讶的表情。这个时候的深呼吸快到容易被人忽略，但实质上在敌我不分的情况下，储备氧气是必需的。如果对方来者不善，这口氧气可留作逃跑或者战斗使用；如果对方友好，吸进的这一口气也可用来表达愉快的情绪。另一种是缓慢且持续进行的深吸气，容易被人发现。例如在玩真心话大冒险，恰好被问到私密事情时，在回答之前有些人往往会长长地吸入一口气，吐出后才会开始答话。

一般而言，在遇到紧急状况时，人们会选择前一种深呼吸方法，因为快速作出反应是逃跑成败的关键。而当遇到那些令我们窘迫的事情时，人们一般会选择后者，因为这种呼吸有利于减轻紧张或者害怕的情绪。

😊 二、极度的紧张与担忧——"脸都吓白了"

在现实生活中，当人突然受到外界负面刺激的时候，身体就会做出不同程度的动作反应，这些动作反应是内心情绪波动的反射。所以，在人们内心受到较大的冲击时，脸就会在瞬间改变颜色，一下子就变得"苍白无血色"，这是内心极度紧张与担忧的表现。

前段时间报纸上报道了一则飞机遇到了"晴空颠簸"的事故，（晴空颠簸是空中颠簸中难以发现、危险性最大的一种。）当时飞机上的乘客们"脸都吓白了"。"脸都吓白了"是人处在极度惊恐的情绪下所产生的逃离反应。

当人极度惊恐时，脸会瞬间变得苍白，这是典型的逃离准备阶段的反应。那么，为什么恐惧会让人脸色变白呢？

这是因为人在接收到负面的刺激时，会产生恐惧的情绪，导致血液循环加快，将更多的血液从全身各个部位抽离出来，输送到准备逃跑的下肢。上半身的血液减少了，血液颜色自然会减退，造成肤色变白。而脸部皮肤暴露在外面，没有衣服遮盖，所以用肉眼直接就可以观察到脸色变白。同时，下肢因为血液的增多，会出现肌肉的紧张和兴奋，腿部有可能会轻微颤动。

三、逃离反应的准备——脚、胸的姿态调整

深呼吸与脸色的变化这两种逃离前的准备反应表现得不是太明显，所以容易被人忽略。相对来说，身体姿态的调整是比较明显的逃离准备了，姿态的调整包括坐姿的调整和站姿的调整两方面。

1.坐姿的调整

我们或许经常会碰到这样一种情况，在我们和某人交谈时，对方有时会忽然转动身子，并把脚朝向门口。脚朝门的姿态意味着对方想尽快结束交谈，如果你明白这个信号，大可大方诚恳地向对方说"时候不早了，跟你聊天真的很开心"诸如此类的话，让对方可以轻松地结束谈话。

此外，人们在交谈的时候往往会不自觉地跷二郎腿，这有可能是在说交谈很愉快，也有可能是防御的表现，这就要具体问题具体分析了。而那种毫无顾忌地靠在椅背上跷二郎腿的姿态，表达的信息是这个人处在一种轻松的氛围之中，他自身也对整个环境有掌握感。这种坐姿如果要起身逃跑是比较困难的，因为还要大费周章地把背挺直，再把交叉的腿放下，最后才是起身逃走。此时如果他听到一些负面消息，则有可能立刻收好二郎腿，将双脚一前一后的摆好，同时挺直背部。

一些性格较容易慌张的人，

跷二郎腿

则还有可能做出双手撑住座椅扶手的姿势，生怕单靠腿的力量不足以跑得更快更远。那些情绪惊讶或愤怒的人会紧盯着刺激源不放，感到紧张或恐惧的人则会不时环顾四周，试图寻找可能的逃跑路线。

2. 站姿的调整

站立的时候，若遇到负面刺激，双脚会做出一个鲜明的逃离前的动作——一前一后地站立，而不会双脚并拢站在同一条水平线上。一前一后的站姿，既可以抱着战胜刺激源的信心，向前可以进攻；如果刺激源力量过于强大，向后则又可以逃跑。所以这样的站姿可谓是防守皆可的。如果遇到负面刺激源时，双脚处于同一条水平线上，或者两脚成垂直姿态，都是不利于逃跑的。前者会让逃跑处于被动状态，特别是反应慢的人有可能会继续受到刺激源的伤害；后者的话则把自己逼入选择的死角，若事情十万火急，就没有时间来得及考虑逃向哪一边的，当在犹豫逃跑路线的时候，也有可能受到侵害了。

四、逃离反应进行时——身体的变形

逃离的热身动作一旦完成，接下来便是逃跑了。不过需要注意的是，不是说出现了逃离的准备反应就会出现真正的逃离反应，一般情况下往往是做出了准备逃离的反应却没实施最终的逃离动作。

逃离反应一般会造成躯体的变形，因为逃离反应相较于准备动作而言，明显了很多。所以明显的逃离反应特征很容易被捕捉到，最常见的是在遇到有效负面刺激后，头部与刺激源之间的距离加大。一般可以分为以下两种情况：

第一种是头部、躯干和脚部都远离刺激源。

这种情况在被吓到的情境中会经常出现。当一个人被负面刺激源吓到时，往往一只腿向后退几步，多数情况下是半步或者一步，同时上半身和头部轻微后仰，手有时也会不自觉向上抬起。伪装得较为好一点的人，脸上还会带着微笑。至于那些后退两步或以上的人，基本就属于失态了。

第二种是头部、躯干远离刺激源。

当觉得对方的话题偏离了主题，感觉无法再沟通下去时，大多数人都会愤然后仰，靠在椅背上，偏离对方，这样的举动大多能引起对方的注意，使他自觉把话题回归到原来的点上或是自动结束交谈。如果对方还是不明白，在上身后仰后我们还可以故意不做出应和的动作和语言，这样就能非常明显的引起对方的警觉了。

有的人站立的时候，没有椅背可靠，所以后仰的幅度会小一些，这时躯干稍稍后仰实际上也增加了头部与刺激源的距离。这种比较轻微的逃离动作很有意思，因为当事人有时为了掩饰内心的真实想法，如厌恶、不屑等，会做出一些表情和说一些话。例如有的人会把头侧向一边，眯着眼看对方；有的人或许会保持微笑地说："呵呵，不会吧？"但这样的表情和语言跟身体的逃离反应已经形成了矛盾，这是典型的社交谎言。对方这么做很可能只是不希望双方因为一些小事而闹得不欢而散。总之，要正确理解对方的身体语言，需要综合多个动作或姿态来分析，如果光从一个动作入手，是很难判断正确的。

第二节　隐晦的逃离反应

Micro-expressions

相传在春秋战国时期，范氏被晋国贵族智伯灭掉后，有人想趁机把范氏家院子里精美的大钟偷走。但由于钟太重了，小偷便把自己的耳朵捂住后把钟敲碎，盗窃的行为便暴露了，这就是"掩耳盗铃"的故事。小偷捂住自己的耳朵是种自欺欺人的行为，但从心理学上来讲，这是小偷主观意识上的逃离反应，他希望通过捂住自己的耳朵来逃避敲碎大钟的声音或者是盗窃行为的心理暗示。

据相关调查得知，人的头部与身体离中枢神经系统较近，做出的动作反应相对容易控制，所以当受到外界刺激时，做出的逃离反应也容易借助其他的动作反应来掩饰。但与此有较大区别的是，人的腿脚等离中枢神经系统较远，所以一旦受到外界负面刺激的影响时，其内心情绪波动便会反射在腿脚上。此外，眼神的转移与身体的角度变化都属于人的隐晦的逃离反应。

人在受到外界刺激准备逃跑时，第一反应并不是撒腿就跑，而是身体会有短暂的停留动作，手脚也随之降温，这些都是为了更好地应对当前遇到的困难而产生的生理反应。这也正好解释了为什么有些人在考试中或面试中，即使是大热天手脚也会不自觉地变得冰冷，因为这是人感受到陌生环境或是情境的不安全感而发出的逃离反应。

效力于美国 FBI 的特工经过长期的研究以及工作中取得的经验，退休后在自己的著作中写到："从头到脚，可信度会逐渐增加。"也就是说，即使嘴巴会说谎，但是通过腿脚、眼神转移或身体角度变化等微小反应所透露出来的内心情绪波动却不会说谎，第一时间发出的反应是人内心真实想法的体现。身体上的逃离反应比较明显，人们从简单的动作反应中就能够猜透动作发出者的内心真实想法，但腿脚方面的反应一般比较隐晦，如不注意观察是很难发现其变化的，也捕捉不到其中所蕴涵的有价值的信息。

逃离反应是日常生活中很常见的一种反应，要全面分析人的内心情绪变化，不但要认识身体上明显的逃离反应，还要了解腿脚等比较隐晦的逃离反应。这样才捕捉到一切有价值的信息，同时，也要警醒自己，在日常交际中尽量隐藏错误的逃离反应。

一、视觉的逃离

在日常生活中，人到了一个陌生的环境中会感到一种莫名的不安感与压抑感，而这些不适应感会表现在表情或肢体上。有些人会刻意去掩饰自己内心情绪的波动，借助其他方法来缓解内心的不适感，但是有些情感就算是刻意隐藏也会因身体上的微反应而赤裸裸地袒露在他人面前，被人一眼看穿你的心思。

视觉逃离反应，产生于人不想被他人过多地关注或被看穿内心想法的一种自主反应，这种反应是人在不自觉的情况下产生的，可以看做是一种心虚或惭愧的表现。

生活中不难发现，很多人在说谎的时候，眼睛一般都不敢直视对方，害怕自己说谎的行为会被对方拆穿。但是，有时候人们越想隐藏自己的情感，就越容易暴露，即使嘴上不说，你的眼神也出卖了你。通常来说，人在说谎的情况下，一方面心理面临着较大的压力，另一方面又要刻意去压抑内心的罪恶感与不安感，所以就会通过一些身体表情或肢体反应来转移自己的注意力，希望通过这种方式来缓解内心的压力。

视觉逃离

谈话中，说谎者不敢直视对方的眼睛，而且因为眼神也不集中，不自觉地就形成了视觉上的逃离反应。此外，视觉逃离反应的例子还有很多，例如在课堂上老师提问的时候，讲台下对所提问的问题不甚了解的学生就会不由自主地把头低下，尽量避免与老师有过多的眼神交流，因为他们害怕与老师的眼神交汇时，老师会让他起来回答问题。这时候，学生产生视觉逃离反应，证明他对所提问题并不了解，或者对提问这种方式存在一定的抗拒心理，所以便通过视觉转移的方式来逃避或减少他人对自己的关注。

人们常说，眼睛是心灵的窗户，就算是嘴巴说谎了，眼睛却不会说谎，所以关注眼睛的视线的转变能够帮助你识破谎言，了解交谈对方的内心真实想法。

二、身体面向的逃离

中国自古以来就被誉为礼仪之邦，十分注重礼仪道德规范，古时候更有等级森严的礼仪礼数，从头到脚的动作都有严格的规定，虽然经过了几千年的变化，这些传统礼仪习俗有的已经被人们抛弃了，但还是有些沿袭了下来，如，人们见到熟悉的人时，会主动正面向前去打招呼；坐公交车不小心碰撞到别人时，会眼睛直视对方诚恳地说一声对不起。

在日常生活中，当遇到自己不想见的人，或者是不想聊的话题时，人们的身体就会不由自主地向其他方向倾斜，而不是正面向着对方，这身体角度的转换就是隐晦的逃离反应的表现。

一般来说，当两个人面对面的谈话时，如果在交谈过程中发现对方身体有向外倾斜，而脚尖的方向也朝向外的时候，你就要考虑对方是否对你的谈话内容不感兴趣了，又或者是他另有其他更重要的事情要处理。人在陌生的环境或者感到不适应的环境中，会有不安与压抑的感觉，内心就会产生试图摆脱逃离这种处境的想法。这些想法就无意识地表现在身体以及腿脚角度位置的转移，他们做出这样的动作是不自觉的，但能够帮助他们缓解内心的不适应感。与此同时，身体角度的转换所透露出来的逃离信息能够给在场的谈话者一个提醒，让谈话者适当地转换话题，或者采取更好的交谈方式。

此外，在多人谈话的场合中，如果有些人不自觉地有拿出手机玩或者转动椅子，他的这种举动也是一种逃离的反应。虽然嘴巴没把内心真实想法说出，脸上也还是挂着笑容，但是身体角度转换却把其内心的真实情绪反映出来了，把想逃离的想法"说"了出来。

虽然身体角度转换可以说明动作发出者的内心存在逃离的想法，但也不能一概而论，这些微反应解读出来的信息是否就代表其内心的真实想法，还要解读者结合环境以及语境来判断。不然，从微反应中解读出来的信息不但不会给你的日常交际或者商务谈判等有任何的帮助，还会给你带来不少的麻烦。

第四章

战斗反应：
宣泄内心愤怒
的最强反映

生活中的战斗依然无处不在。工作中的困难，感情中的挫折，总会不经意地向我们发出挑战的讯息，那时候你是选择挑战还是投降呢？如果我们事先不做好充足的准备，则只能手足无措或者坐以待毙了。

在战争中，军人很容易产生很大的心理压力。如惧怕受伤、惧怕对以后造成残疾、惧怕亲眼目睹战友牺牲以及长时间的身体和精神疲劳等，都会产生很大的心理反应。这种心理反应会促使人很难在重新战斗或者工作，这种现象被称为战斗反应。

尽管现在我们已经不再处于战争年代，但生活中的战斗依然无处不在。工作中的困难，感情中的挫折，总会不经意地向我们发出挑战的讯息，那时候你是选择挑战还是投降呢？如果我们事先不做好充足的准备，则只能手足无措或者坐以待毙了。

因此，我们应该通过不同的战斗反应，总结出一些应对的技巧，学会迎接战斗，进行自我保护，冷静地处理一些意外事件的发生。

第一节　战斗反应的表现与成因

引发战斗的原因，无论多么复杂，归根结底是为了生存和繁衍，比如同行之间的竞争是为了生存的威胁，"冲冠一怒为红颜"，则是对繁衍的威胁。

但在战斗发生之前，总会有一些小序曲可以让你听见。比如愤怒、挑衅等情绪一旦出现，则表明离战斗不远了。这时候我们就要赶紧做好准备，别等到战争爆发之后才来收拾残局。

😁 一、战斗反应多表现为愤怒

现代心理学认为，人的各种表情、动作、姿势等都能表现出他们的个性心理。人的情绪主要有喜怒哀乐，那么最能表现出人的备战情绪的莫过于愤怒了。

愤怒的微反应有哪些呢？

"滚！"

这是一个表示极度愤怒的词，当员工犯错误时，老板也许会这样呵斥。当男友有了外遇时，女人可能会这样凶吼。当子女犯下不可原谅的错时，父母可能会这样怒骂，等等。

当人处于愤怒时，人的面部表情是怎样的呢？

古书记载的："头发上指，目眦尽裂。"还有成语中描述的：横眉怒视、怒发冲冠、怒气冲天、恼羞成怒以及怒从心头起、恶从胆边生。在生活中，其实我们也可以观察到，当一个人在发怒时，如果他的眼睛瞪得很大，则说明他已经很愤怒了。这时他的眼球一般不会转动，嘴唇也是紧闭的，咬紧牙关，由于尽力克制自己的愤怒情绪，会显得很紧张和面部表情僵硬，而且在克制愤怒的过程中，鼻孔会张大或者向外粗重地喷气。

俗话说：眼睛是心灵的窗户，是一个人内心的真实写照，一个人无论他多么阴险狡猾，如何去掩饰自己，眼睛始终是欺骗不了人的。因此，如果一个人面部表情僵硬，语言单一，嘴唇紧闭，咬紧牙关或者握紧拳头等时，说明他已经用他的行为向你表明了他的态度：我已经对你很不满了，你已经威胁到我了，我必须教训你！

😀 二、威胁引发愤怒

电视节目《人与自然》中曾经播出过这样一个片段：一个大猩猩首领，当它的领地或"后宫妃子"受到外界的侵扰时，它就会用自己的行为来表达它的愤怒，比如它会龇牙裂嘴、不断挥舞着手臂。朝着对方冲过去几步，然后观察对方的反应。不管对方做出怎样的反应，这一举动意在表明它的态度："别给我乱来，不然我就对你不客气"。

其实，以上的情景在人类交际中也经常会出现。从中我们不难看出，愤怒的根源在于威胁。是自己的根本利益受到了威胁，所以才会引发愤怒。无论是自然界还是人类，无论男人还是女人，一旦他们的利益、尊严、自由和人格受到了挑战和威胁，他们会本能地做出反应，来表达自己的愤怒情绪和抗争立场。

当一个人处于愤怒时，他的浑身血液将会涌向四肢，大脑的灰质层出现供血不足，进而出现失去理智和语言单一的情况。俗话说："冲动是魔鬼"，大概就是源于此。这个时候人的愤怒已经达到了极端化，可能会做出很不理智的行为，只有通过肢体的发泄才能缓解内心的情绪，比如摔东西，痛打某人一顿或者破坏一切能破坏的等，通常都是表明自己心里的愤怒情绪已经无法得到平静，只有通过战斗和进攻才能化解外部带来的威胁。

因此，当你看到对方已经将眼睛睁得圆圆的，不断地向你"吹胡子瞪眼"时，你一定要马上服软，不要硬对抗了，不然就会引发一场暴风雨的洗涤。这时，首先你要把自己的情绪缓和下来，然后再尽力缓和对方的情绪，让他知道，你不会对他构成威胁，逗他开心，或者向他道歉，或者表示退让、投降等，只有这样才能慢慢平复她的情绪，消除他焦虑感，使他找回安全感和信任感，平息迫在眉睫的一场战斗。

三、挑衅导致迎战

挑衅也是发生在战斗前的一种常见行为。在战斗开始之前，自认为强势的一方是希望战斗能够发生，会采用激怒对方的方式来把挑战的信息传达给对方，而激怒对方最有效的方式是轻蔑。

人们在表达轻蔑时，通常用下巴做指向性的动作，除此之外，也会通过一个手势、表情或者眼神表达自己的轻蔑。

挑衅

挑衅行为有一个共同特征，就是当事人通常会毫不费力地做出比对方高或者对方比自己低的姿态，以表达自己觉得对方与自己存在明显的差距，不屑于拿对方与自己相提并论。

日常生活中，常见的挑衅手势是用大拇指指向自己，或者伸出小拇指偏向对方等，常见的挑衅眼神是看对方一眼，然后又自然地往上看，并从对方身体上移到别处，通常还会伴有轻微但快速的呼气，可以是鼻子喷气，也可以是从嘴唇里发出来的轻微的"切"的声音，表示不屑与轻蔑。

当挑衅者作出战斗挑衅时，挑衅者的对立方就会做出相应的迎战反应。常见的迎战动作是先调整状态，如把双脚前后摆放，使自己站立得更稳；把身体侧站着，这样使自己被攻击的范围缩小；以及握紧拳头，准备好战斗武器，等待战斗的开始等等。

第二节 进攻性战斗反应的常见动作

Micro expressions

军队的作战和个人的格斗都有会涉及进攻与防御的两方面问题，人的战斗反应也会分为进攻性与防御性两种。

在本节，我们先对进攻性战斗反应做一个说明。如果矛盾不断增加，会导致愤怒情绪不断恶化。而愤怒情绪所含有的能量是巨大的，当情绪调配的能力超过上限时，就引发真正的战斗，也就要开始进攻了。人在战斗时，进攻的动作主要体现在牙齿、手指和脚的反应上。

一、咬牙切齿

当人的愤怒达到极限的时候就会咬牙切齿。

在谈话过程中，如果对方已经处于了一种极其愤怒的情绪之下，而他又不准备说话的时候，就会把牙齿咬得紧紧的。如果你仔细观察就会发现，人在愤怒时上下牙齿咬合位置是不同的，例如用犬齿相互摩擦，也就是常

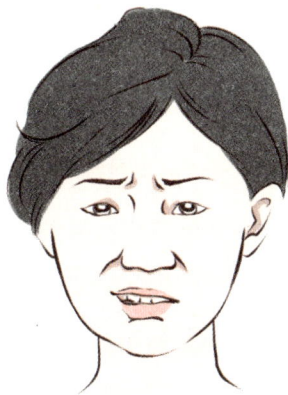

咬牙切齿

说的"切齿"，还有的可能是上下齿不变，但暗中用力，使面部两侧的肌肉绷得很紧，显得轮廓非常清晰。

咬牙的动作一般发生在当事人处于一种危险和有压力的情况下，当事人为消灭负面的情绪刺激，而做出的牙齿的进攻。这个动作是进攻的初步表现，已经表达出了当事人的极大愤怒与不满。

二、丰富的肢体动作——指手与跺脚

拇指和食指经常被人们用来表达情绪。

大拇指通常都是用来表达赞美和认同的，如果在讲话时，把大拇指指向自己，无论是指向鼻子还是胸口，都是很强势地表示对自我的肯定，意思是：我很牛！如果是对别人竖起大拇指，则是对别人的赞赏或者鼓励。

我们在电视上和电影上经常可以看到大拇指向下的姿势，这时表示的是轻视。在做这种动作时，一般都是先把大拇指竖起来，让你以为在表示肯定，然后又迅速向下，表示否定，这样形成一个极大心理落差，使否定的程度得到了更大的加强，在电视中一般是为了表示诙谐的喜剧效果。

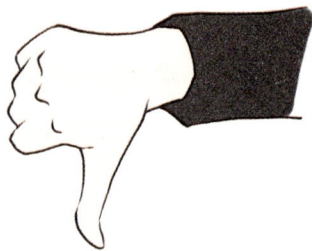

蔑视的手指指向

单独只使用食指，则一般用来表示指点。亚洲的传统文化礼仪中，单用食指指着人家说话是很不礼貌的，是对人家不尊重的一种表现。比如，下级不能用食指指着上级说话，晚辈也不能用食指指着长辈说话。如果要用手势，一般会用整个手掌摊开，来表示指向或引导，以此来表达尊重。

因此，在谈话的过程中，可以通过观察说话人的手势动作，以判断他的情绪变化。如果他配以食指进行指点，速度很快，力度也很大，动作还很短促，则可以判断他的内心已经产生了极大的愤怒情绪。

而同时，脚部的攻击动作主要有：蹬、揣、踢。

在双方进行交谈的时候，很少会用脚去踢墙或者其他物品，一般的动作是跺脚。如果当对方不断地跺脚，那就说明他内心极度的愤怒。

第三节　防御性战斗反应之一
——建立屏障

✧Micro-expressions✧

当遇到负面刺激时，人们一般会做出防御的反应。做出防御反应的动机不是为了消灭敌人，而是为了尽量减少对自己的伤害。安慰反应是为了让自己得到舒适，而防御反应是为了减少刺激源对自己的伤害。防御反应大致可以分为两类：建立屏障和阻断反应。建立屏障我们已经在上一节介绍过了，下面我们开始描述阻断战斗反应。

😛 一、屏障是怎样建立的

建立屏障是当事人在躯干或者头的周围，试图使用四肢或者物体在自己面前建立一个屏障，以防敌人的进攻，保护自己。常见的防御反应是双手交叉抱臂。

1.抱臂

抱臂是很明显的防御行为。

人类的胸腹面只有胸椎、较细的肋骨末端和肋软骨，整个腹部是没有骨骼的。而背部都是以脊柱骨和较粗的肋骨为框架。因此，人的胸腹面很容易受到神经系统影响，比较敏感和薄弱。但人类经过千万年的不断进化，逐渐学会了使用各种动作和技巧来保护自己的脆弱部位。

人类的身体前侧集中了很多重要的和敏感脆弱的器官，有咽喉、双乳、太阳神经丛（位于胸椎骨下方）、生殖器等，因此神经系统对这些部位的保护分外的严格。当遇到外界的刺激后，人体感到紧张、不适、危险、挑衅等信号时，出于保护躯体的意识，人会在刺激源和自己的躯干之间建立一道屏障，至少会有这个意识，无论是否真正建立起来。人们一般会使用简单的双臂交叉抱臂，还有可能会借助一些物品，如书本、坐垫、枕头等，用来屏蔽伤害，保护自己。

2. 跷二郎腿

跷二郎腿是另一种常见的防御屏障，一般出现在坐姿状态中。

跷二郎腿的姿势通常能带来很舒适的坐姿，但并不是所有的跷二郎腿姿势都属于屏障反应。比如在坐姿的状态之下，身体放松地向后仰。但还需要注意的是，并不是把双肩靠在椅子上就表示一种放松状态。表示放松姿态的通常会有两个很明显的特征：一个是把头也同时靠在椅背上或者沙发上，而且也是向后仰的，与身体的方向基本保持一致；还有一个是跷在二郎腿上的

跷二郎腿

小腿来回自然地晃动，节奏很慢，表现出一种舒适休闲的状态。

跷二郎腿除了表示心情舒畅的状态，另外还表示防御状态，虽然都是跷二郎腿，但是这两种跷二郎腿的状态在动作反应上是不相同的。仔细观察，你会发现，建立屏障的跷二郎腿具有以下几个共同特征：

（1）躯干伸直、绷紧，甚至会用手兜住手肘，强迫自己处于一种很不放松的姿态之下。这样的动作反映出了内心的恐惧和担忧。

（2）头直立着，保持一种警惕的状态，并且眼睛的注视通常是不轻易转动的，如果这时身子还往后仰，则是属于一种逃离反应，表现了一种不满、不悦的心理状态。

（3）在跷二郎腿时，叠放在上面的小腿的运动发生变化。当受到刺激时，如果当事人从放松的晃动突然变为静止，则说明他的心理状态发生了变化，内心开始变得紧张和担忧。但需要注意的是，并不是所有的小腿运动变化都会产生紧张的心态，有可能这只是一些人低调内敛的习惯而已。

总而言之，当人处在一种紧张和恐惧的状态下时，他会通过跷起二郎腿，来有意拉开与刺激源之间的距离，试图在自己的身躯前建立一道屏障来保护自己，以免受刺激源的继续伤害。

二、积极与消极的防御反应

积极的防御反应是已经做好了充分的战斗准备的防御反应。在积极防御反应下，身体姿态主要有：身体挺直、抬头挺胸、双腿跨立等，这些动作反应还通常配合着抱臂动作。做出这样的姿势，一般是较强势的一方，已经表现出了极大的愤怒情绪，很有可能马上出现反击。

这样的组合动作一般出现在以下几个状态之下：

1. 双手交叉抱臂，增加身体躯干的保护能力。身体强壮的人通常如此，身体薄弱的人更加如此。

2. 双手交叉，双脚叉开站立，则表示他的领地意识很强烈，一般是表示很强势的一方，还有想使他自己的身体看起来站得很稳，表现出了一种不退缩不畏惧的自我状态和强有力的领地意识，已经做好了充分的战斗准备。

3. 想使自己看起来更魁梧和厚实，增加自己的威慑力和压迫感。

消极的防御反应跟积极的防御反应恰恰相反，它的姿势一般是脊柱弯曲，头也会降低，双腿不会挺立。如果是坐着的姿势，上身和头通常会特别靠近刺激源，看起来和怕冷差不多。

消极的防御反应一般出现在人们感到恐惧、忧虑等消极情绪时。这种反应的产生究竟是因为怕冷还是怕受到打击或伤害，在没有测量温度变化的情况下，还是很难确定的。其实体温的降低和防御反应的出现，两者之间并不矛盾的。

积极的防御状态

抱臂双手交叉

因为当人处于一种备战或准备逃跑的状态时，身体会自动调节血液循环，让大量的血液流到四肢以储备能量，这就导致人的体温出现短暂的降低，人就会感觉到冷。所以，抱臂的防御反应确实体现了一种消极的负面情绪。

更有趣的是，这种动作还可以在另外一种情况下使用。比如校园里的女学生，通常都能看到她们把书本、文件夹或者书包之类的小东西抱在胸前，这种动作其实是一种示弱的表现，让自己看起来很弱小，以获得更多的关爱。通常是女性比较爱做这个动作，男性很少见。男性天生好斗，不会轻易使自己处于一种示弱的状态，因为这样不但得不到关爱，还会被欺负，甚至被称为"伪娘"。这种抱臂动作就是在完全没有心理压力的情况下出现的，是想通过这个自我保护的动作来向他人示弱，是一种消极的防御反应。

三、经典的防御反应——耸肩

在生活中，有一组动作我们经常看到，特别是在西方人，很喜欢在谈话中使用这组动作，即把双肩耸起，把手掌摊开，手心向上，做出一副很无所谓的表情，一般搭配的台词是"没事，没什么"，"无所谓"，"不关我的事"，"我不知道"，"那就没办法了"等。这是一组很经典的防御反应。

消极的防御反应

这个反应所体现的心理状态是自认为需要保护，是一种示弱的表现。

聳肩防御

在经过长期的演变，当没有物理威胁，仅是神经系统受到负面刺激，自认为需要自我保护时，也可能会做出同样的反应。所以聳肩摊手掌的动作也可以诠释为：我很脆弱，我很害怕，我很无能为力，而且你看，我手里什么也没拿，没有要进攻你的意思。这组动作加台词的搭配，叮以很好地表现出防御效果。

根据这个标准动作，国外有一位学者还研究出了另一个结论：当人在说话时，如果出现单肩快速地聳动，则表明他很不自信，或者是对自己讲话的内容很不自信，所以很有可能他在撒谎。这个理论的推导是有一定合理性的，但是在现实生活中，它的客观性还需要验证。

在足球场上，如果一个人正在看球，这时候一个球朝他飞了过来，他会立即本能地做出以下反应：聳肩，同时把头往下缩，扭开身子，以防止身躯胸腹被攻击，把双手和一条腿抬起来，并蜷缩在头和躯干前面为身子和胸腹建立一道屏障。

人类的双肩是由骨骼和肌肉组成的，颈部两侧是大血管，把双肩聳起，能对脆弱的颈部起到一个很好的保护作用。

第四节　防御性战斗反应之二
——阻断反应

　　阻断反应是防御心态的外在表现之一，它的本质与建立屏障是一样的，都是想通过一些方式来保护自己，减少对自己的伤害。它们的不同之处在于，阻断反应没有防御反应那么明显，一般建立的保护区域会较小。

　　阻断反应主要体现在面部：眼睛、额头、耳朵、嘴。

1.手搭凉棚

　　在现实生活中，我们经常可以看到，当人受到外部的刺激之后，一般都会用手遮住自己的眼睛或者额头的部位，看起来好像是在不经意地抚摸自己的额头或者颧骨的皮肤，为自己搭一个凉棚来暂时地栖息，以缓解疲劳，实际上是在试图挡住自己，以减少自己的被关注度。

手搭凉棚

　　这种反应就属于视觉上的阻断反应，是想要别人不再继续注视自己，也不想或者不敢去看对方，以减少自己的关注度和不安感。

2. 掩耳盗铃

我们经常可以看到，一些小孩子或者是比较可爱的女生，在别人说话时，会经常做出用手堵住耳朵的姿势，然后再配合厌恶的表情，焦急的跺脚行为等，一般表示不想再继续听下去或者实际想听但故作姿态。

掩耳盗铃

这种反应就属于听觉上的阻断反应，跟"掩耳盗铃"的含义有点相似。这种反应一般出现在未成年中，在成年人中很少见，但情绪失控的除外。

3. 偷着乐

我们经常可以发现，一些人在笑的时候总是喜欢用手捂着嘴巴，好像在偷偷乐儿。这种嘴部的阻断反应一般是针对自己的行为判断。试图不被别人发现自己在笑，但其实谁都已经发现了。总结一下，产生这种反应的心理动因有：

（1）自己觉得的确很好笑。

（2）意识到自己不能笑得这

偷着乐

么明显。要么是怕引来被笑人的尴尬；要么就是不想让别人以为自己很得意，比如在"非诚勿扰"中被牵手的女嘉宾；要么是一贯的修养与规矩，不想让自己表现得很放肆。

（3）笑过之后，马上用手捂住嘴巴，以保持自己的矜持和内敛。

当然，除了捂着嘴笑，还有捂着脸的情况，这种同样也属于阻断反应。试图掩盖自己的悲伤，不想让周围人知晓或者影响到周围人。

捂嘴的动作还有一种情况，可以被用来测谎。因为在说话时，用手捂住嘴，也表示阻止。比如在说话前，就马上用手捂住了嘴，就是他不愿意把事情说出来；如果是在说话时，就突然用手捂住了嘴，则表示他说错话了，或者是不小心说出来了他认为不该说的事情，表示悔意；如果是在说话之后，用手捂住了嘴，好像是在擦嘴，或者还搭配咳嗽的动作，则表明他是在对自己说话内容的否定，他很有可能在说谎，或者是一不小心说出了真相。

4. 双手掩面

当接收到外界的一些意外讯息之后，一些人为表示自己的惊讶和不敢相信的心情，总是情不自禁地用双手把自己的脸全部掩盖起来，一般搭配的台词："天呐！""怎么会变成这样？""不可能的！""不会吧？"等。这个时候表达的心情一般是强烈的意外或者无可奈何，以及自己的懊悔和自责，认为所发生的事情与自己有关，是因为自己才导致了意外的发生。

双手掩面

第五章

爱恨反应：
看透人爱憎的反应

人与人身体之间的距离，往往能表现出彼此之间的心理距离。从热恋情人的亲密无间到对厌烦者的避而远之，随着身体距离的拉近，观察人的某种反应或动作，可以很鲜明地表达出他内心的喜爱或厌恶情绪。

根据有关学者的研究，人总共具有八种微反应，爱恨反应是最鲜明的一种。它是指在人际交往中心理距离产生的两个极端——爱与恨所主导产生的反应，在恋爱与婚姻中最常见。通常当一个人在爱的时候，总是希望对方也能爱她，会担心对方是否足够爱她；而当一个人在恨的时候，会因爱生恨，因为得不到或者受了伤害而产生怨恨，会做出很疯狂的举动，不仅伤害了别人，甚至也伤害自己。

　　人与人身体之间的距离，往往能表现出彼此之间的心理距离。从热恋情人的亲密无间到对厌烦者的避而远之，随着身体距离的拉近，观察人的某种反应或动作，可以很鲜明地表达出他内心的喜爱或厌恶情绪。

第一节　身体距离暗示心理距离

　　可以说，人类的一切活动都是为了生存和繁衍。

　　因此，爱情，无论多么复杂，追其根源，都是来自于对繁衍的需求。

　　对于异性身材的喜爱，是源于对后代繁衍能力的期待。而对异性面貌的喜爱，是源于对后代健康体质的期待。至于对爱情中的其他追求，比如性格、脾气、志趣、道德水准等人格特征的要求，是希望彼此能够相处得更融洽来促进家庭以及社会的和谐，以减少不必要的痛苦和负担。

因此，人的本能反应，是源于偏动物性的需求，爱情的根本动力也来自于此。

☺ 一、表达爱憎的四种心理距离

什么是爱情？这个问题可能很多人都只是模糊的印象，说不出很确定的答案。大多数人认为爱情这东西本来就是只可意会，不可言传的。不过美国耶鲁大学的罗伯特·斯腾伯格教授已经总结出了关于爱情的三要素理论，这个还是比较权威的。

这三个要素分别是：心理亲近、生理热情和持久志愿，这三个要素缺一不可，只有这三要素齐全了，才算是完整的爱情。如果只有持久意愿，叫做空爱。只有心理亲近，叫做喜欢；只有生理热情，叫做冲动；这三个要素中，如果缺乏持久意愿，那么可以把这种状态叫做浪漫的爱情；如果缺乏生理热情，就叫做柏拉图式的爱情；如果缺乏心理亲近，就叫做愚蠢的爱情。如果三个要素都齐全的话，就称之为真爱。

从这个定义出发，我们就只能探究喜欢了，因为持久的意愿不是瞬间就能反映出来的，而心理的亲近是可以看出来的。

在我国古代就有很多文人喜欢用夫与妾的关系来比喻君臣关系、朋友关系的，他们为什么要这样呢？这还得归根于恋爱男女的反应是最具有典型意义的爱恨反应了，所以我们本章主要从其中探讨爱恨反应的奥秘，也算作是效法古人吧。当然此中的道理也可以延伸拓展，应用到普通的人际关系维系方面，比如同事之间、邻里之间、暂时共处的陌生人之间，等等。那么在爱恨反应方面，要保持怎样的距离才能维系自然融洽的关系，相信聪明的读者一定会从中举一反三，得出相应的感悟。

心理上的亲近，往往会通过身体上的距离来体现。一般身体距离的远近可以透露出内心真实的爱恨倾向。如果两个人之间的距离始终无法靠近，那么表明这两个人在心理上存在着排斥或厌恶。

身体的距离与情感意识，与野生动物的领地意识很相近。对于自己喜欢的人，则允许他靠近；如果对于自己厌恶的人，则明显的表示排斥，总是潜意识地感觉会受到伤害，尽可能地把自己保护起来。

爱恨反应，通常在亲密和疏远距离的真实尺寸之间徘徊交错。

根据美国人类学家霍尔博士的研究，人与人之间的物理距离往往代表了人与人之间的心理距离。根据人与人之间的亲密程度，大致可以分为四种距离：公众距离、社交距离、私人距离、亲密距离。

1.公众距离。这个距离指的是彼此之间互不认识的人之间的距离，霍尔博士把它定义为 3.6~7.5 米。尽管这个数字是有大量的统计数据作依据的，也有其科学性和研究性。但对于如今人口爆满的地球来说，已经不适用了。在人山人海的街头、地铁、火车站，总会有人与你擦肩而过，远远超过了霍尔博士的这个公众距离，这时候你没表示愤怒或者不满，不是因为你已经接受了这个公众距离，而是你已经习惯了。

2.社交距离。是指在常规的社会活动中的距离，如办公、开会等，与同事之间，与领导之间的比较合适的距离，霍尔博士把它定义为 1.2~3.5 米。

3.私人距离。这个是指朋友和亲戚或熟人之间往来得比较频繁的距离，霍尔博士把它定义为 45 厘米到 1.2 米之间。

4. 亲密距离。这个距离体现了非常亲近的亲密关系，通常是指夫妻或恋人之间。这个距离大概为 0 厘米到 45 厘米，是指人可以允许跟自己关系亲密的人处在自己的这个范围之内。

根据这个心理距离的划分，如果一个人乐意别人去靠近自己，说明她在心理上是与他比较相近的。比如恋人之间的拥抱、依偎、缠绵，都是这种心理状态的突出表现。相反的，如果两个人之间的距离总是无法拉近，要么就是双方都在刻意保持，要么就是一方在刻意拉近，而另一方又在刻意疏远，那么就可以判断刻意疏远的一方心理上是存在排斥或厌恶的。

如一对夫妻吵架，这是很经常的事情，但不会轻易地影响到彼此之间的感情，因为俗话说 "床头吵架床尾和"，所以来得快也去得快。通常都是比较积极的一方在恰当的时候去选择示好，以促进关系的缓和。只是这个恰到时候的选择还是有点难度，如果太早则容易 "热脸贴冷屁股"，太晚又可能会耽误最佳和好时机而使矛盾加深。

距离远近，就是一个很好的态度判断。例如，在吃饭的时候，如果对方允许你用筷子同时在一盘菜中夹菜，甚至可以不在意你用筷子看似无意的触碰，那么这个态度就很好判断了。如果对方还没消气的话，则会很介意这个筷子触碰的亲密距离的。

对于这种态度判断的距离表现还有很多，还可以从表情、说话的语气以及肢体语言等多方面进行综合分析。但是并不能时时刻刻都用这种微反应去分析人，特别是对自己身边的人，坦诚相待才是最好的相处之道。

☻ 二、用适度的距离来维系 "爱"

总会听人说，距离产生美。但在爱情中，距离真的产生美吗？古往今来，爱情的离别，总是情歌中不可缺少的题材，总是那么的令人无奈与伤感。恋人之间的长久距离，真的会产生美吗？

在国外，恋人之间的距离通常被称为爱情的头号杀手。因为他们觉得，现代的爱情不再是像古代的那么忠贞不渝，没有一方有权利去要求对方坚守那份爱情，因为谁也无法抵抗那份孤独的落寞之情，当然也是对爱情的最大考验。所以说距离并不一定产生美，但也需要保持恰当的距离。当然，这里说的距离不全是异地恋之间的空间距离，还有实际之间的身体距离，为双方都可以接受的，才能创造出属于爱情的距离美。

1. 爱的距离

爱的距离要亲密，但不要无间。人与人之间总是要有一定的距离，即使夫妻和恋人也不例外。婚姻之所以会被称为是 "爱情的坟墓"，都是因为在客观上没有保持这个必要的距离，丧失了这个距离，就丧失了彼此之间的分寸感。随着丧失的就是美感、自由感，以及对彼此的尊重和包容，最后就筑造出了 "爱情的坟墓"。

相爱的人应该亲密有间，即使结了婚，两个人之间也应该保持一个必要的距离。所谓的必要距离，指的是两个人都应该保持是独立的个人，并且给予对方应当的尊重和适当的自由。

因为两个人无论多么相爱，始终还是两个独立的人，不可能会变成一个人。

好的爱情要有韧性，拉得开，又扯不断的那种。

那么爱的距离到底有多远呢？这是个值得思考的问题。距离有心理距离和物理距离之分，到底哪个真正决定了我们的亲密关系呢？

我们都知道，物理距离的远近往往体现了我们关系的亲密程度，但并不是决定因素，真正决定我们之间的亲密关系和亲密感的是心理距离，即心理上的亲密距离。

很多人都想找到并保持好这个心理距离，只是这个距离不是约定俗成的，是要依靠两个人之间互相沟通交流慢慢形成的，它是一个动态的过程，双方都各自披露自己，经过双方互相了解之后，才慢慢形成的两个人之间的特定亲密距离。

日本学者在 20 世纪 70 年代初提出了"一碗汤的距离"的家庭亲和理论，在当时，日本的空巢现象已经很严重，日本学者提倡亲情养老，子女应该要与父母住的不远，这样子女既有自己的生活空间，又能方便照顾老人。

因此，他们提出了"一碗汤的距离"，指的是子女从自己家端出一碗汤递给自己的父母，汤送到老人手上还是温热的，以此来形容子女与老人之间保持的那种既独立又保持亲密的关系。

我们可以将这个"一碗汤的距离"引申一下，它不仅仅可以用来形容物理上的物质距离，还可以用来衡量心理上的亲密距离。

两颗心之间的距离，不是用直尺来衡量，而是用温度，人最适宜最舒适的温度是 28℃到 32℃，不会太冷也不会太热，两颗心不经常腻在一起，但在需要温暖的时候能随时温暖对方。

所以说，亲密关系也是一门"一碗汤的距离"的学问，我们每个人都要学会与他人很好地相处，调整出最适当的心理距离，以达到相互尊重、信任、理解、包容等。

其实，爱的距离没多远，也许就是"一碗汤的距离"，只是出于爱的愿望在进行不断调整，以保持最佳的亲密关系。

2. 为爱和恨画一个坐标轴

我们前面有提到，两个人之间的身体距离往往就反映了彼此之间的心理距离。从喜欢到厌恶有两个极端的距离反应，比如热恋中的情侣之间，因为彼此的接受程度最大，所以他们之间的距离可能成为积极反应的最大值。那么，为爱画一个坐标轴，从坐标轴上判断你们的亲密关系和心理状态。

肢体接触

一般恋人之间的关系升级都是从牵手开始的，而且对于情窦初开的少男少女来说，第一次牵手的那种兴奋和紧张是难以忘怀的。进而，腿与腿之间的接触与摩擦是比牵手更亲密的动作。如果亲密关系没有发展到一定程度，一般是难以接受这种身体接触的。

反之，如果是有厌恶情绪的，则会是这类情绪的负面值。比如，一个男人与一个女人比较亲密，不一定是恋人关系，还可能是很好的朋友关系，那么肢体之间的接触就会很自然，且一般不会被当事人特别注意到。反之，如果男女之间关系比较生疏，那么肢体之间的接触就会让对方觉得很别扭，很尴尬。

我们经常可以看到这样两种情况：如果你不清楚一对男女之间的关系是否亲密，可以注意他们之间是否会有亲密接触，如果他们双方都没有对近距离的接触感到很不自然，则表示他们彼此之间都是能接受的。当然，只有接触了敏感部位，比如腿脚，否则不能轻易断定他们是情侣关系。

另一种情况是，你已经确定一对男女之间的关系不是很亲密，可是一方如果主动地触碰到了另一方，也许只是轻微地触碰到某个不敏感的部位，可是被动方却出现了很敏感的负面反应，僵持着不知所措，或者干脆迅速躲开，这说明主动方可能已经生了非分之想，才使对方产生了敏感反应。情节严重的，我们还可以称为是性骚扰。

当一个人厌恶一个异性时，多数是女人，绝对是不允许靠近或者牵手的，甚至为了逃避对方，跑到异国他乡都是有可能的。

厌恶异性

总结以上，我们就可以为爱情画一个这样的坐标轴，原点是陌生，左标轴是由陌生到厌恶、憎恨，再到厌恶，右标轴是由陌生到喜欢、爱，最后到结合。原点的上标轴是身体距离，从左到右画了一条抛物线，显示了身体距离与心理距离的比例关系，身体之间的距离远近是与心理之间的接受程度成正比的。从这个坐标轴来看，不仅可以判断男女之间的心理接受程度，也可以用来判断同性之间的心理远近。

第二节 "爱"的微反应

✦ Micro-expressions ✦

一、羞与涩

羞，是指人因某人某物而引发的尴尬难为情的一种情绪，究其根源往往是由于不够自信而产生的担忧情绪；涩，是指因羞的情绪而表现出来的反应生涩，不流畅，不自然。因此，我们经常观察到的是涩的微反应，而实际表达的是羞的这种情绪。

爱情中的羞与涩

为什么人会有这种情绪呢？这是因为在没有充足的感情经历之前，当然不只是爱情，还包括亲情、友情等，人对自己的被认可度可能并不是很清晰，因为这种自我认识是从不断的实际接触中积累而来的。感情并不是单方面的，是从双方的不断交流中产生的，即使是单纯的精神交往。人们通常说的情商，就是指对自己和他人感情的掌控程度，交往的多了，自然情商就逐渐提高了。

也许这可能会被那些花心人士拿来当借口，为提高情商所以需要多段恋情。其实情商的提高并不只有通过爱情，同样亲情、友情的培养可能有时候会让你更深刻。无论是从小与父母之间的一种相处，还是与社会人士的一些人际交往，都可以不断增加情商，爱情只是其中一部分而已。

在现实生活中，少男少女比起年纪较大的人来更容易害羞，这并不是因为年纪大的人脸皮厚了或者对这些情感没感觉了，只是他们对于自己的认识已经越来越深了，很少会像年轻人一样陷入不自信的状态而害羞，该自信的时候会自信，不该参与的东西不会去参与。

当然，除了爱情会使人害羞之外，有些其他的时候人也会害羞，如被表扬的时候，或者作为正面人物出现在很多人面前的时候，因为不确定自己会被别人喜欢，或者喜欢的程度，会出现担忧的心理，担心被否定，担心表现不佳等，这个一般是由紧张引起的，也会引起脸红害羞。

二、"爱"的暗示小动作

在生活中，我们经常会看到，很多人会因为对自己爱慕的人羞于表达或者害怕拒绝而做出一些爱的暗示，如遇到爱慕的人时会脸红、下意识的摆弄头发以及刻意露出美丽的肌肤等等，都是对爱的暗示与体现。这些通常在女性身上表现的最为明显。

1.脸红

脸红是害羞的经典表现。脸红是因为受到环境影响，血液不循环产生变化引起的。人在担忧的时候，大量的血液会输送到头部，包括大脑组织和面部皮肤。当人紧张害羞时，就会使皮肤下面的毛细血管中的血液增多，脸就会变得比平常红了。

除了脸红之外，有些女性还会通过用手遮脸来暗示爱慕之情。一般是即将进入恋爱初期阶段的女性，最常用手去触摸脸部，因为怕被对方发现自己含情脉脉或脸红的不自然表情，所以用手抚摸脸部，试图遮掩自己的不自然。

泛红的脸

2. 飘忽不定的眼神

眼睛是心灵的窗户。当一个人对另一个人产生爱意时，往往很容易从眼神中洞察出来。当面对自己心仪的男士时，女人的眼神一般是温柔而飘忽不定的，可能还会带有几分灼热。当你跟她的眼神相遇时，她会立即躲开，或者快速收回，显得很羞涩和难为情。如果一个女人总是努力在寻找你的目光，则表明她已经急于跟你沟通了。如果一个女人很耐心的听你讲话，眼神时而温柔时而火辣，这表明她内心的火焰已经被你点燃，她已经倾心于你。

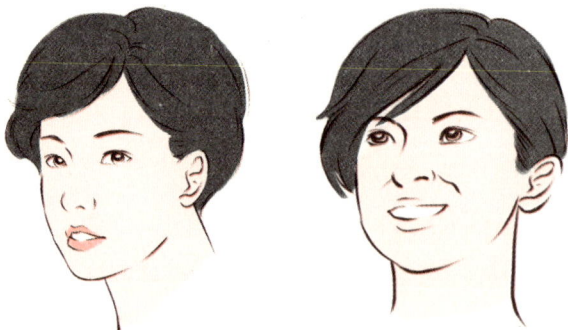

飘忽不定的眼神

3. 微启的唇

如果一个人喜欢你，当他在面对你的时候，他的唇部会有瞬间的机械性开启。这样动作非常细微，不容易看到。但只要你注意观察，还是能够发现的。当然如果这个动作持续久一点的话，也可能真会看到口水流出来。

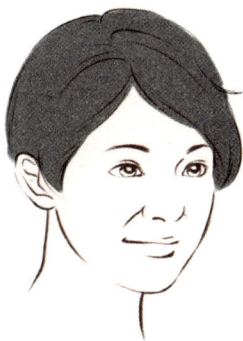

微启的唇

4. 扭捏的小动作

有些女人在面对自己心仪的男士时，都会情不自禁地做一些不自然的小动作，如：用手遮口、拨弄头发、拽裙摆、扭捏走路等等，这些小动作总是能很快表露她们的心事。

（1）用手遮口：一般是刚步入青春期的"花痴"少女，遇到相貌俊秀的帅哥，总是不由自主地用手遮住嘴巴，以掩饰自己内心的惊喜之情。

（2）拨弄头发：这是长头发女子经常最爱做的动作之一，尤其是碰到英俊潇洒的男士时，总是不停地用手拨弄头发，以掩饰自己的紧张情绪。通常使用这个动作的女性，大都是对自己的容貌和发型很有信心的。

（3）拽裙摆：一般是女性为吸引自己心仪的男士而做的动作，不时地拽一下裙子的下摆，似乎在掩盖她暴露的肌肤，又似乎在掩饰内心的紧张与害羞。

（4）扭捏走路：走在自己钟情的男人面前，女性会特意的扭腰摆臀，以显示自己身材的婀娜多姿，但往往会表现得很不自然，甚至有些夸张。

☻ 三、由爱生恨

人的一生中，不仅有爱，还有恨，人们常说："爱之深，恨之切。"因为爱，所以恨。但是一个"恨"字，不能表达一切，这里面包含的细节是有差别的。

1. 厌恶

电影《大话西游之仙侣奇缘》中，周星驰说："没关系，吐啊吐啊吐啊的我就习惯了。"对讨厌的人或事感到极度的厌烦时，身体就会出现呕吐的类似反应，因此，厌恶的最基本反应源自于一种身体行为：呕吐。

人在呕吐时，要把嘴巴张大，这就需要打开下颚，提升上唇。因此，普通程度的厌恶反应中，提上唇肌起主导作用；而特别强烈的厌恶反应中，上唇鼻翼提肌起主导作用。呕吐除了张嘴外，还会紧闭双眼，皱紧眉头。

在现实的生活中，并不经常出现如此强烈的厌恶反应，除非是故意表演给别人看。更多的厌恶反应，只是保留了呕吐动作的部分脸部细微反应，这就需要人们的细心观察了。

2. 愤怒

人们都希望别人喜欢自己，希望别人赞同自己的看法。如果别人不仅赞同自己的看法，而且还非常的赞赏，就会感到高兴和喜悦，反之则会感到沮丧和失落。如果是被自己喜欢的人否定了，就会产生更加严重的负面影响，由爱生恨。

当这种刺激超出人的承受能力时，就会激发人的愤怒情绪。愤怒是一种可怕的情绪，由爱而生的愤怒，更是不可控制的。

金庸老先生的《神雕侠侣》一开始就出现了"赤练仙子"李莫愁，因爱生恨变成了女魔头。

李莫愁古墓派的大弟子，武功、品貌都非常出众，开始也是心地善良的女子。为救陆展元她不顾男女之嫌，并在照料陆展元的过程中义无反顾地爱上了他。

李莫愁对陆展元一往情深，不顾师门的反对，为了和陆展元在一起，最终背叛了师门，但是她并不知道陆展元已经心有所属。因此，当她怀着美好的梦想赴到陆家庄时，看到的却是陆展元与何沅君拜堂成亲，此时的李莫愁万念俱灰，痛不欲生。

李莫愁认为是陆展元移情别恋，于是恨死了他，从此江湖上便多了一个杀人不眨眼的女魔头。她以杀人来发泄自己的愤怒，用夺走他人的快乐来抚平自己的伤痛。

问世间情为何物，直教人生死相许？直到李莫愁死后，人们才彻底明白，爱情给她的伤害有多大，由爱而产生的恨是多么的恐怖！

不管是在爱情中，还是在工作生活中，因爱而产生的愤怒都是不可避免的，我们只有提前感知这种愤怒的细微反应，才能及时地做出应对措施。在所有的愤怒的反应中，都具备一个相同的特征：进攻趋向，因爱而生的愤怒也不例外。

愤怒是具有进攻趋向的危险情绪，速战速决是所有战斗的天然要求，它会在很短的时间内爆发，也许前一秒钟还是厌恶、冷淡，后一秒就变成暴怒了。

人的愤怒主要表现在眉眼形态上，愤怒时眉毛强烈下压，上眼睑大幅提升，上眼睑皮肤出现褶皱纹，下眼睑绷紧变直。愤怒程度越强烈，眉毛和上眼睑之间的距离越短。

第三节 "恨"的微反应

在爱情的长河中，不仅会有甜蜜、幸福，也会有厌恶，还会产生有恨，因爱生出的恨。

一、吃醋或嫉妒

每一个人见到自己的爱人跟别的异性在一起很亲密时，都会觉得不舒服，这种感觉就是吃醋。这是一种正常的心理反应，是为了保护自己的爱情不受侵犯的正常反应。大多数吃醋的情况都是因为"第三者"的出现，打破了原来两个人时的平衡状态，导致了其中一个人的不适应，甚至是嫉妒。

吃醋是一种正常的心理状态，吃醋是因为爱，如果遇到那些"第三者"的闯入，却毫无反应，那就证明他已经不在乎对方了。所以说吃醋是爱的表现，少量的醋还可以成为爱情的调味剂。这里还有个有趣的故事。

传说房玄龄为建立唐朝立下了汗马功劳，唐太宗为奖励他，封其为梁工，并且想送几个美女给他做妾。房玄龄想到夫人肯定不会同意，于是就婉言拒绝了。唐太宗问出缘由，就让皇后去劝说房夫人，可是房夫人还是坚决不同意，于是唐太宗就派人传话：如果不同意，就赐毒酒一杯。谁知道房夫人听后一点都不畏惧，端起酒杯就喝。但她并没死，因为壶里装的并不是毒酒，而是浓醋。房夫人为维护一夫一妻制和家庭生活的和睦，舍命吃醋，留下了一段佳话。但可能也因此"吃醋"就成为了男女之间"嫉妒心"的代名词。

　　但醋意太浓的话，则会被卷入感情的漩涡。总是一天处在焦虑、猜忌、痛苦之中，不断地假想着对方是如何地背叛和欺骗自己。可能对方的一个眼神，一句无心的话语，就会引起你的焦虑与不安。与日俱增的猜忌与威逼，甚至严重的还会伤害别人，最终只能把爱情逼到尽头，使自己陷入了无法自拔的痛苦境地。

　　在法国，一些社会心理学家研究发现，在各种嫉妒中，爱的嫉妒最强烈、最复杂。

　　在追求爱情的过程中，如果因为第三者的出现而失去了美好的结局，往往受伤的那一方会出现两种情绪，一种是自惭形秽，一种就是嫉妒。这两种情绪出现的表现一种是放弃，一种是不服。虽然表现不同，心理状态却是一样的。

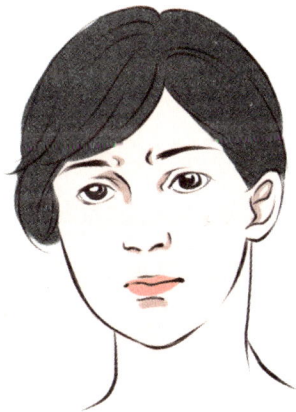

嫉妒

　　被自己心仪的人否定不算严重，因为这只是单方面的观点，但是第三个人却取得了胜利，这就使之前被否定的观点得到了很好的证明。使他觉得，不但被否定了，被最希望肯定自己的人否定了，还被别人所代替了。这无疑给了他更大的打击，比愤怒更严重的刺激，除了会导致他的彻底放弃，还有可能引起更严重的愤怒，甚至失去理智，做出疯狂或变态的举动。

这些都是因爱而产生的吃醋或妒忌，都源自不自信和被否定。如果别人给的评价比自我认知的评价低，则会造成负面情绪的产生。都是因爱生恨的具体反应。

😊 二、仇恨

仇恨，作为一种正常的心理情绪，普遍存在于人类的遗传基因里，它是比厌恶更高级的情绪，是一种自我保护的本能。虽然"仇恨"的意思大家都明白，但其中包含的心理机制，恐怕会出乎人们的意料之外。

在武侠小说中，我们会经常看到这样的情结，一个武林高手杀害了小孩的全家，小孩侥幸逃走。这样的小孩心中必充满仇恨，长大后，必会找这个高手报仇雪恨。但是，如果我们修改一下故事的情结，就会产生不一样的结果。

高手行凶时，被人阻挠，小孩的家人没有受到伤害，这样小孩的心中就不会产生恨意了，因此，可见仇恨的产生必须是造成了无力挽回的伤害或者损失。

再如果，小孩天资聪明且武艺高强，高手行凶的时候，被小孩打败。即使高手行凶得逞，小孩回来后，立即使用更高的武功，杀死的高手，这时小孩内心也不会产生仇恨，有的只是悲伤。

综上可见，恨意的产生必须具备两个条件：一是遭受无力挽回的损失，二是实力不如人。如果没有受到伤害，就不会产生恨意；即使有损失，但实力比对方高，也不会产生恨意，有的只是愤怒。

仇恨其实是一种弱势心态，知道技不如人，只能眼巴巴地看着别人把自己的利益抢走。因此，恨不会出现在强者身上，更多地出现在对现实无能为力的弱者身上。

仇恨的表情最为复杂，是集恐惧、愤怒、悲伤以及自责于一身的综合情绪，表现在身上的反应为：

皱眉，眉头上扬，眉峰高耸。眉形既不是剑眉倒竖，也不是下压后向中间趋近，而是呈现扭曲的状态。同时眼睑努力睁大，下唇大力向上闭合，嘴唇紧绷在一起。闭紧嘴唇是自我抑制的表现，等到发出嘶吼的那一刻，心中就不再是恨，而是豁出去的愤怒了。

三、控制"恨"的不良反应

每个人都有生气的时候，只是表达方式和生气的频率不一样而已。有的人会忍而不发，有的人会尽情发泄，有的人只是偶尔生气，而有些人却每天都会怒气冲冲。可以说，"愤怒"是一种人之常情，是人的一种正常的爱恨反应。但过度的愤怒只会给我们的生活带来很多负面影响，尤其是对于我们的爱情，严重的可以起到摧毁的作用。

控制愤怒

人人都喜欢自己，也希望别人喜欢自己。当别人对自己的评价跟自我认知相同，则会表现出自信和满足的心态；当别人的评价超出自己的自我认知时，则会表现出更大的欢喜情绪；反之，则会表现出沮丧和失落；如果被自己心仪的人否定了，则是个双重的打击，不但被否定了，还是被最希望肯定自己的人否定了，这样的心理落差，可能会造成很大的负面刺激。

受到这样的刺激，如果评价比较客观一点，则还可能会使人进行自我反省，不断改进自己的缺点，并且找寻那个肯定自己的人；但如果得到的评价大大偏离了他的心里期望值，超出了当事人的心理承受能力，就有可能会引发愤怒的情绪，使人变得不理智，忽略自己的缺点，并且去怨恨对方。

愤怒是一种可怕的情绪，跟动物之间为了生存进行生死搏斗的性质是一样的。因爱产生的愤怒，可能比任何一种愤怒都要厉害，进而导致更严重的后果。

但是，任何心理能量都不能被压抑，只能加以转化。尤其是愤怒，如果在日常生活中经常压抑、克制愤怒，则总有一天会全面爆发出来，到时候后果更加不堪设想。

2011年7月，上海一对80后的夫妻吵架，丈夫愤怒之下将10个月大的儿子从14楼直接扔了下去，孩子当场死亡。之后，这名男子企图割脉自杀，随后送至医院，被抢救了过来。

都说中国父母溺爱孩子，所谓"虎毒不食子"，但这起杀子事件就有点让人觉得不可思议，是什么力量促使了父亲亲手结束了自己孩子的生命？

虽然说这种疯狂举动针对的不是孩子，只是夫妻之间矛盾激化引起的结果，但是这种愤怒后的举动未免也太没理智了！事后夫妻双方都可能会肝肠寸断，痛不欲生。

杀子只是夫妻矛盾的极端行为，杀死孩子只是愤怒和自卑的一种表达，他们的本意并不是想要孩子死，只是借以发泄自己的愤怒和绝望罢了。

还有夫妻用伤害自己的方式来解决夫妻矛盾的。据说一对夫妻发生争执，吵到两个人互相仇视，老死不相往来，终于丈夫受不了了，直接一怒之下跳楼了。而怀孕的妻子看到丈夫死了，也痛不欲生，跟着跳了，结果一尸两命。

人最宝贵的就是生命，连生命都可以舍弃了，那还有什么事情是不可以解决的呢？这些极端行为的背后，就隐藏着具有巨大能量的"愤怒"。愤怒是所有哺乳动物都具备的情绪，也是婴儿能感受到的第一个情绪，几乎所有的哺乳动物都会用它来"保卫自己，免遭侵犯"。但是当愤怒过了头，导致不能自控的时候，就会做出很多极端的行为，伤害他人。

愤怒分为两种，不合理的和合理的。心理学家发现，不合理的愤怒主要来源于三个方面：自私的要求未被满足、完美主义的要求未被满足、多疑。因此当自己想愤怒的时候，看看自己的愤怒是否合理吧！如果跟以上几条有关，那就是不合理的，不合理的愤怒就让它烟消云散吧！如果是合理的，那就要学会合理地表达自己的愤怒，努力跟对方进行沟通，学会适度控制自己的愤怒，记住人家的优点，让自己更快乐，让彼此之间的相处更融洽。尤其是在爱情中，只有适度控制自己的愤怒，才能使爱情灯常绿！

第六章

安慰反应:
揭穿他人谎言的反应

人的一些细微的小动作可以透露出他们内心的紧张、不安、焦躁、恐惧或者厌恶的负面心理情绪。说谎是人在迫于某种压力下产生的行为,所以这种安慰反应在人说谎的时候表现得尤其明显。

人在受到一些负面刺激，比如批评、压力、否定等，经常会无意识地表现出一些寻求安慰的身体小动作，用来舒缓内心的不安感。这些细微的小动作可以透露出他们内心的紧张、不安、焦躁、恐惧或者厌恶的负面心理情绪。说谎是人在迫于某种压力下产生的行为，所以这种安慰反应在人说谎的时候表现得尤其明显。

安慰反应的小动作有很多，轻轻按摩一下颈部，摸摸自己的脸，摆弄一下自己的头发，舔舔嘴唇或者调整一下呼吸方式，这些都属于安慰反应。还有男生喜欢抽烟，在有压力时，抽的烟量一般会加大；如果当事人当时在嚼口香糖，当感到有压力时，他嚼的速度会明显加快。

当然，我们这里所举出的安慰反应都是指当事人处于一种有压力或者不舒服的状态，并不是直接面对威胁，如果直接面对严重威胁的时，就可能会出现冻结反应了。但如果只是感觉有压力或者不适，就会出现以上的反应，以缓解当时的不适感。

第一节　视觉安慰：你的眼神会出卖你

有一种这样的说法，说如果婴儿每天睁开眼睛的时候能看到妈妈或者爸爸的笑脸，则这个小孩子将来会很爱笑，很开心，长得也会很漂亮。现代很多妈妈都相信这一点。

尽管这种说法从科学的角度来讲，没有可信度，因为婴儿的长相与婴儿能否看到父母的笑脸确实没直接的关系，但是视觉上的舒适和宽慰，确实能够给人带来好心情。如果小婴儿每天都能看到父母的笑容，确实会变得很开心，很爱笑，那是因为他们感觉到了父母给予的安全感。

当然，当他们长大了以后，他们的眼中除了有父母温柔的眼神之外，还会出现一些其他的负面的或者是令他们不开心的东西，这时候他们的视觉需求还会要求更多美的东西，不过反应还是一样的，就是看到美好的东西，心情会变好，看到不好的东西，心情会变坏。

一、说谎时，眼睛是否真的向左

现在流行一种说法，就是当人在说谎的时候，眼睛会往左看。还有一种更复杂的说法就是，当人在回忆事情时，大部分人的视线是往右的，如果他的视线是往左的，则表明他在撒谎。对于这个观点，有人解释道，这是因为人的左脑是负责理智的，右脑是负责非理智的。

当然，这些说法始终还没有找到依据，如果按这种说法来判断人是否有撒谎，还是存在很大的片面性的。

根据眼睛的转动方向来判断是否撒谎，其实是一种典型的教条主义。这个结论顶多只能算是一个部分的统计数据，也就是说只是某些统计人员统计了一部分人说谎时眼睛是向左的，暂且不去验证这些统计是不是真实的，但是作为测谎的证据来说，这种依据本身就不科学，因为视线的转动方向与左右脑的交叉控制没有直接关系。往左看，也并不是只有左眼在动。

对此，一个讨论组针对这个问题做了一组实验，他们先问了被

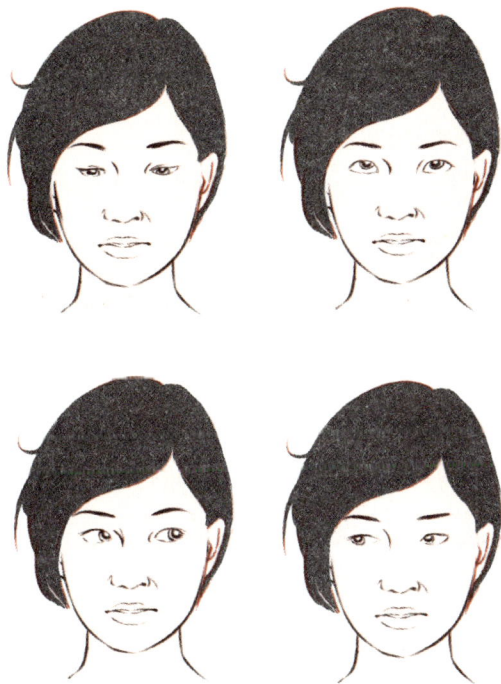

说谎时，眼睛是合真的向左

测者一些简单的问题，如姓名、年龄等，然后又问了一些复杂点的问题，在测试的过程中，他们就发现，其中有一个小伙子在回答一些需要思考的问题时，会习惯性地往左看，如果按照传统的说法，那就证明他在撒谎，其实不是的，那只是他的个人习惯而已。

由此可见，眼睛往哪边看，与是否撒谎没有必然的联系。当一个人在撒谎时，眼睛不一定向左。当一个人眼睛向左时，也并不代表他在撒谎。要看具体有没有其他的异常反应来判断。

😛 二、瞳孔的放大与缩小

根据有关的测谎实验结果表明，瞳孔的放大与缩小与看到的东西密切相关。瞳孔是虹膜，也就平常所说的黑眼球，当然不同人种的虹膜颜色是不一样的，虹膜中间有一个漏洞，是负责把光线透入到视网膜上的。它的物理功能是当光线变强时，瞳孔就会变小，

瞳孔的放大与缩小

以防止过强的光线刺激到视神经；当光线变弱时，瞳孔就会逐渐变大，尽量让更多的光线集中投射到视网膜上来，以获得更清晰的像。这些动作都不是由自己主观控制的，是由控制虹膜的平滑肌来完成的，而平滑肌一般是由自主的神经系统来控制的。

有趣的是，随着人类的不断进化，人的瞳孔将会变得越来越复杂和高级。

一些实验证明，当人在看到喜欢的东西时，瞳孔就会放大，最明显的例子就是，比如好色的男人看到性感的美女，还有赌徒遇到一手好牌，眼睛都会不由自主地睁得大大的，好像是在保证尽量能看到更多美好的东西；而当人在看到一些自己不喜欢的东西时，他的瞳孔就会缩小，比如看到血淋淋的外科解剖场面，除了医生之外，可能任何人都会马上缩小自己的瞳孔，以免看到更多令自己不适的东西，受到更大的负面刺激。这都属于人的正常反应，是我们视觉应激反应的规律之一。

三、不要转移你的视线

有人提出，当一个人在撒谎时，他可能会试图通过转移视线来改变自己的不适感。

当撒谎的人在遇到刺激而产生负面情绪时，比如愧疚、尴尬、

心虚、紧张或者恐惧等，往往会将自己的视线从谈话人的身上，或者是一些能使他产生负面情绪的东西上转移到别的地方，比如被审问的嫌疑犯在看到案发现场的照片时，会尽量选择不去看，把视线转移到其他地方，以减少自己的不安和紧张感。即使其他地方没有那些美好的东西比如美女、钞票等，也会令他们感到舒适一些，因为至少他们不会再看到那些令自己感到不适的东西。

这就是典型的视觉安慰反应，眼神的逃避，其实都是为了安慰自己的心情，减缓自己的不适感。当然，视觉逃避没有一定的规律，根据每个人的习惯不同而不同，共同的特征就是都会把视线从那些对自己具有刺激性的东西上转移。因此，这个视觉安慰反应的产生需要必备两个条件：负面的刺激源和视觉逃避。

视觉逃避

其实，视觉安慰的典型反应不仅是视觉逃避，更是会转向那些能带来舒适感的目标。如果在当时的环境中有自己的亲人，那么当受到负面刺激时，当事人会立即把视线投注到自己的亲人身上，以寻找安慰。这种情况在法庭上很常见，当嫌疑犯人在被法官审问时，或者是被宣判出负面的结果时，都会不由自主地转头看看自己的亲人或者律师，以寻求心理上的安慰。

归结到底，视觉安慰反应的产生，是负面的刺激源发生了作用，表现出了当事人心里的负面情绪，如愧疚、恐惧、厌恶等。

第二节　听觉安慰：放松，放松！

Micro-expressions

我们都知道，音乐是个好东西。无论我们是在疲劳，紧张，难过，亦或是失眠时，它都能安抚我们的情绪，疏解我们的心情，带给我们安静、愉悦和舒适。同样在我们高兴、激动之时，听听音乐，也能带给我们更多的兴奋之情，带来精神上的愉悦感。优美的旋律和贴心的歌词，总能让我们找到心灵的共鸣。

通过音乐来改变自己的心情，这是一种听觉上即声音上的安慰反应。因为不仅是视觉上的改善可以对人的神经系统起到安慰的作用，同样听觉上也可以。

当人感到紧张、不安或者不适时，可能会出现哼歌、吹口哨、大吼等反应，以发泄自己的情绪，改善自己的心情。而且，在吹口哨、大吼和哼歌的时候，能够把自己的呼吸节奏和力度进行调节，这在一定程度上能起到很大的安慰效果。因此，所谓听觉安慰就是人们为寻求安慰而在声音上做出的举动。

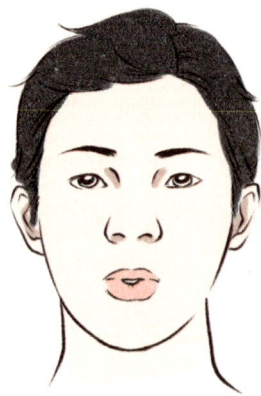

吹口哨

需要注意的是，在听觉安慰中，一般不会出现大段的歌曲哼唱或者乐曲吹奏等类似的反应，因为处在那种特定的情境中，当事人为缓解暂时的情绪，可能只是进行简单的一小段哼唱，或者是单音节的吹口哨，甚至连声音都不发出，只是有呼吸的动作，但这些细微的动作如果是发生在当事人受到负面刺激后，则可以判断是为了缓解压力的听觉安慰反应。

与视觉反应最大的不同在于，听觉安慰反应出现的哼歌、吹口哨以及与之相匹配的呼吸等，不是为了逃避，而是为了放松心情，因此这些动作一般出现在危险解除以后。例如，当面临危险时，需要的是储备能量进行逃跑或战斗，而当危险解除之后，往往是长吁一口气，已达到放松神经的目的。因此，听觉安慰一般是为了放松。

放松后的呼吸

第三节 口部安慰：缓解紧张的本能反应

✧Micro-expressions✧

奥地利心理学家弗洛伊德曾经对人生从出生到成年的 5 个阶段进行了描述，分别是：

第一阶段：口唇期（0~2 岁）；

第二阶段：肛门期（2~3 岁），这个阶段是肛门发育的时期，如果过于严格地要求排便，则可能会导致偏型人格。

第三阶段：前生殖器期（3~6 岁），在这个阶段，基本开始萌发并确立性别意识）

第四阶段：潜伏期（6~11 岁）；

第五阶段：青春期（11 岁以后）。

在婴儿时代，口唇是获取快乐的主要途径。婴儿总是通过口唇的吸吮、咀嚼和吞咽，还满足自身的各种需求，从而变得积极和乐观。这种嘴唇的刺激是重要的，如果缺少了，比如过早地断奶，包括母乳和奶粉，即不再用奶瓶给他吸吮，则婴儿可能会产生悲观、愤怒、不信任甚至攻击性的人格。

由于口唇期反应的影响长期存留在人体的神经系统中，所以一些人在成年后，仍然会做出一些类似的反应。例如，人在面临压力的时候，有时会做出一些行为来安慰自己，如吮吸手指、咬笔头、吃糖果、

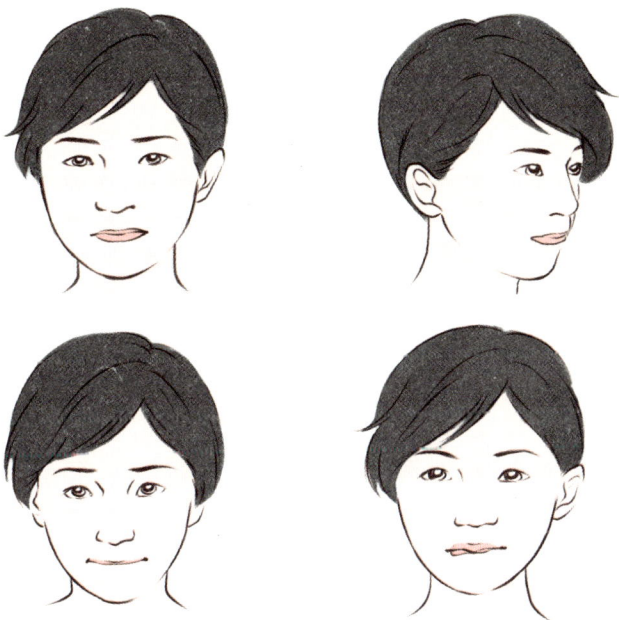

嘴唇安慰

吸烟或吞咽口水等，因为这些动作通过口腔或相关的器官传达给了自己的神经系统："不要怕，我在想办法。"

在受到负面的刺激后，常见的口唇安慰反应主要体现在嘴唇的动作，咀嚼和吞咽的动作。

一、接吻：最古老的安慰反应

接吻，是一种古老的示爱方式，也是情侣之间的一种甜蜜享受。全世界的人都乐于接受，它能给人一种爱情的美感，是恋人之间感情升温的重要表现。现代心理学告诉我们，有93%的女性渴望自己的情人去吻她，而男性也喜欢去吻自己深爱的女子。因此接吻是男女之间的共同愿望和需求。通常，接吻还伴随着爱情的炽热真挚和喜悦的情感体验，有助于使人产生愉快的积极情绪，因此在很多时候，接吻经常被男性用来安慰生气的女友，利用唇部接触来达到安慰效果，表达自己真挚的爱，一般效果会好于任何天花乱坠的解释。

在生活中，我们经常可以看到，当情侣或者是夫妻之间发生矛盾，特别是当女方发脾气时，为了调解情绪，缓和气氛，男性通常会温柔地给女性一个吻，以承认自己的错误或者表达自己的真心。这是一个很有效果的安慰反应，通常比任何甜言蜜语都有效。因为男性是在用行动和女方可以真实感受到的触觉告诉她：我错了，我是爱你的。进而把爱传达，使误会消散。

那么，接吻是怎样出现的呢？ヽ

据一位瑞士的心理学博士、解剖学研究所研究员弗盖尔·哈林教授说：人类具有高于其他动物的一切生存本能。那些哺乳动物与生俱来的反应人类都有，如婴儿的吸吮行为。美国丹·卡林斯基发现，鸟类用嘴喂食本能人类早就有，在原始时期，人类吃饭都不用碗筷，婴儿的食物都是通过母亲用嘴对嘴的方式喂进去的，只是在这个过程中需要配合舌头的压力和嘴的动作，这就跟鸟类的喂食方法很相像。其实这种本能的母爱反应就是亲吻的起源。因此根据这个观点，可以对接吻做出这样的解释，由于人类有这种本能的反应，或者是在婴儿时代吸吮的记忆，所以接吻可能对于人类来说，是不学自通的。戴斯蒙·英里斯对这种现象解释说，这种方法尽管在现在看来，不太卫生，但作为一种人类的哺育本能，已经沿用了百万年。可以说，这种最原始的本能的接吻就是现代人类接吻的起源。

😀 二、吃：缓解紧张情绪

很多人在感到紧张有压力时，通常会以吃东西来缓解他们的情绪，比如嚼口香糖、喝水、吞咽口水等，吃东西真的可以缓解紧张吗？

因为咀嚼和吞咽的动作通常会直接把"吃"的信息反映到中枢神经系统。传达给它们这样的信息："没事的，有东西吃呢，不会挨饿。"经过人类的长期进化，中枢神经系统对食物已经有了敏感的反应，见到它总是有种愉悦的感受。这可能就是人为什么在心情不好时，选择大吃一顿的原因。刘德华和郑秀文主演的电影《瘦身男女》中，就很好地反映了这个道理。

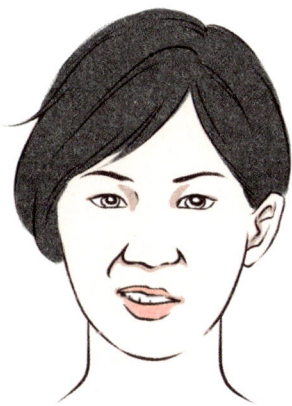

磨牙动作

一般吃的动作包括：咀嚼（一般是口香糖或者槟榔）、吞咽（口水或者喝水）。

当一个人在咀嚼口香糖或者槟榔时，仔细观察他的咀嚼频率和力度。如果受到了意外的刺激时，当然不一定是负面的刺激，他可能会暂停咀嚼的动作，这是一种典型的冻结反应。如果受到了负面的刺激时，他感觉到不知所措或者烦躁不安时，可能会加快咀嚼的速度或者加重咀嚼的力度，来缓解自己的不适感。但是如果他一直都是用这种速度和力度来咀嚼，则可能是他个人的习惯。

吞咽食物与咀嚼食物相比，可能更具复杂性。因为它要经过口腔、舌头、喉咙以及其他多种器官共同运动才达成。也因此可以判断，如果不是受到负面刺激时，通常人是不会习惯性地吞咽口水的。只有当人在受到负面刺激时，才会不由自主地做出这个动作来寻求安慰。吞咽动作好像在向中枢神经系统输入这样一个信息："我在吃东西了，我已经把东西吃进去了。"当人感到恐惧时，尴尬时，或者是引起了性兴奋时，都有可能出现吞咽口水的动作，以缓解内心的紧张与不安情绪。

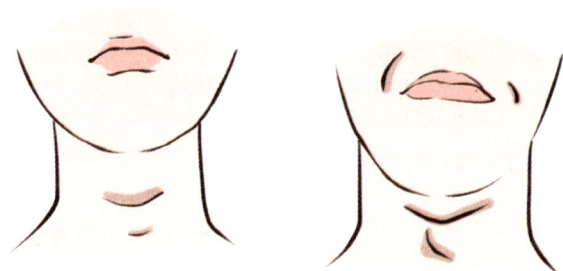

吞咽动作

第四节　颈部和脸部安慰：令自己平静

在生活中，当我们感到压力时，我们经常会抚摸一下自己的颈部，以缓解自身的紧张感，而且我们会发现这是最有效且使用最频繁的安慰行为之一。根据个人习惯的不同，抚摸的方式和区域也不同，有的人喜欢用手指搓摸或者按摩脖子的后面区域，而有的人习惯按摩自己脖子的两侧或者下巴正下方喉结上方的部位，都能起到安慰的效果。因为我们脖子上有很多神经末梢，通过按摩脖子，可以起到降低血压和心率的作用，从而使自己得到平静。

其实，男性跟女性的颈部安慰动作和方式是不同的。一般而言，男性的动作比女性更有力度，他们会用手抓或者盖住下巴以下的部位，以刺激那里的神经，特别是迷走神经和颈动脉窦，这样做的好处也是能起到降

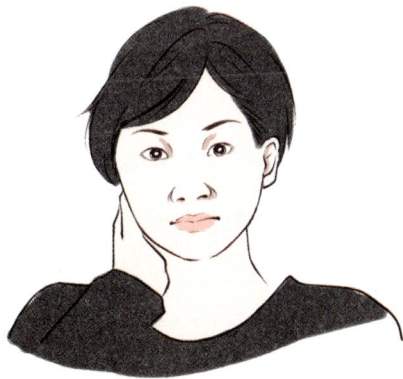

搓脖子

低血压的效果，使自己平静下来。有时候，男性还会用手指按抚脖子的两侧或者后侧，或者是校正领带打结处以及衬衫领口的位置。

女性的安慰行为一般比较温柔，幅度比较小。如，当感到压抑、心神不宁、受到威胁或者恐惧不安、焦虑时，很多女性都会用手触摸或者覆盖她们胸骨上的切迹，有些戴了项链的女性还会抚摸、扭转或者把玩她们的项链，以达到缓解情绪、安慰自己的效果。有意思的是，怀孕的女性开始的时候会把手摸向颈部，慢慢地会不由自主的把手落到肚子上，仿佛要把她的孩子保护在手掌之下。

如果一位女性开始把玩自己的项链，这说明她可能有点紧张了。但如果她用手触摸颈窝，继而覆盖住胸骨上的切迹，那就说明已经有什么事情令她焦虑不安了。一般而言，如果她用右手盖住自己的颈窝，则会自然地用左手托住右手的手肘。当压力消失之后，或者不愉快的讨论结束之后，她的右手又会慢慢地放低一些，然后逐渐放松下来抓住手臂。如果再次紧张，她又会将右手再次上升到胸骨切迹的地方。这样手臂的运动与应力计上的指针很相似，都是根据压力的变化来调整运动的位置，从静止上升到颈部，然后又开始回落。

其实，只要你仔细观察，不难发现，手总是会把你的视线带到颈部。例如，在谈话的过程中，有的人总是会用手抚摸颈部，其实这并不是代表他们正在释放压力，这是一种普遍而强有力的信号，说明他们的大脑正在努力处理某些消极的情绪。

第五节　其他安慰反应

✧ Micro Reaction ✧

在日常生活中，你会发现，很多人会用触摸脸部的方法来缓解压力，主要的动作包括轻摸额头或者脸颊、揉鼻子或者摸耳朵，还有摸胡须、摸嘴唇或摸下巴、用拇指拉或者捻耳垂或食指、把玩头发等。

摸耳朵

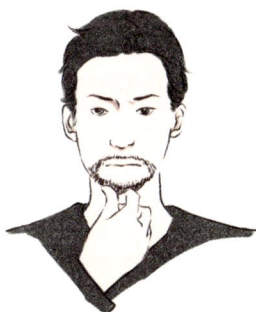

摸胡子

摸鼻子

这些动作通常都出现在人们遭遇险境或者面临压力时，能起到一定的安慰效果。如前面所提到的一样，有些人在面临困境时，可以通过鼓足腮帮，然后缓缓舒气，这样也能达到自我安慰的效果。这是因为我们的脸部有很多神经末梢，可以使它成为边缘系统进行自我安慰的理想区域。因此，我们做这些脸部动作时，其中大多数是在进行自我安慰。

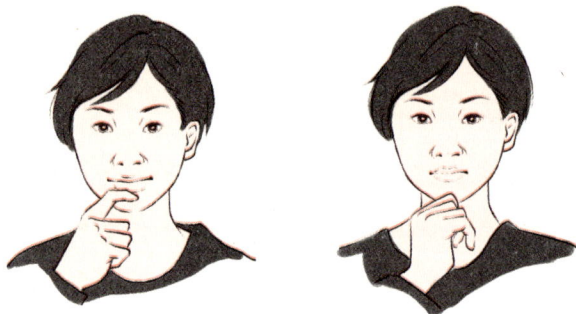

摸嘴和摸下巴

1. 自我控制的拥抱

当面临压力时，很多人都会将手臂交叉，并反复用手摩擦肩膀，或者双臂紧紧地环抱，好像很冷似的。看到这个动作，可能你会马上想到母亲抱孩子的场景，这个动作很具保护性，会让人觉得很温暖。同时，这也是一种自我安慰的方式，一般这个动作，可以使我们自然地产生一种安全感。但并不是所有的双臂环抱都是安慰行为，比如当人双手紧紧地交叉于胸前，身体往后倾，做出很挑衅的神情，那么他可能已经对你产生敌意了。

2. 搓腿的动作

这种安慰行为经常被人忽视，因为一般都是在桌子底下进行的。通常，人们会把一只手放在一条腿上，或者是把双手放在双腿上，然后把手沿着大腿向下搓，搓到膝盖的位置。有些人可能只是做一次，由于习惯等，但大多数人会反复地做这个动作，或者反复地按摩腿部。

很多人可能以为他们只是在擦去腿部或者手心的汗液，其实不是这样的。这样做的主要目的是为了缓解自己的紧张感。因此这种安慰反应一般出现在面临困境的时候。

3. 通气行为

在生活中，我们可以经常发现，有些人尤其是男性，很喜欢将手指放在衣领和脖子之间，然后用手把衣物拉离自己的身体。这种动作一般能起到通气的效果，也是在人面临压力的情况下产生的，是一个人对想到的事情或者是自己现在处境的不满意或者不愉快的反应。一般女性使用这个动作，可能只是抖动一下衬衫，或者撩动一下头发，动作更加巧妙细微。

4. 过多的哈欠

有时，我们会不由自主地不停地打哈欠，可能并不是因为疲倦了，只是因为我们处在一种有压力的状态，通过打哈欠，可以暂时缓解一下我们的压力。这是因为哈欠不仅仅只是"深呼吸"的一种方式，当我们感到口渴时，打哈欠就会将压力传送到我们的唾液腺上，这个时候，嘴唇内外结构的伸张就会迫使唾液腺释放出一定的水分，来缓解因忧虑而造成的口干。能暂时地起到一个缓解的效果。

这些细微的安慰反应很值得我们去仔细观察，因为它能很快反映出一个人是否处于压力之下。

第七章

领地反应：
建立自我领导
风范的反应

　　领地反应是人在自己的"领地"中所表现出来
的领导风范。在自己的地盘里，人会表现得放松、
自在、威严，能感受到他人的尊重和认同，还可以
丝毫不费力地指挥、掌控别人。

领地反应是人在自己的"领地"中所表现出来的领导风范。在自己的地盘里，人会表现得放松、自在、威严，能感受到他人的尊重和认同，还可以丝毫不费力地指挥、掌控别人。这时如果有人敢贸然入侵自己的领地范围，则可能会引起强烈的不满甚至是反击。因此，通过观察人的姿态和动作，可以判断出其内心是否具有掌控感、安全感；还可以通过冒犯、挑战对方心中设定的领地范围，则能激起强烈的愤怒，使对方泄露更多的内心秘密。

　　在自然界的进化过程中，有这么一个规律：强大有力的动物，会尝试建立自己的领地范围，俗称"圈地"。领地一旦建立起来，就成为动物之间一种心照不宣的规则，其性质相当于人类社会的不成文规定。领导者会在这个圈子的周围留下特殊的气息以警示其他动物。一旦有贸然入侵者，就意味着战斗的开始与死亡的来临。由此可见动物的领地意识是非常强烈且敏感。人也有领地反应，但相对动物而言，人的领地意识显得比较平和。

　　领地意识，代表着对内的权威和对外的拼死防御。对内的权威和对外的拼死防御直接地表现为自尊——自我认同。自我认同是建立在两个基础上的：首先是自己要具备一定的真材实料，例如有一技傍身，这个属于自我认知，是自尊存在的客观基础；其次是自己本身所拥有的真材实料要得到别人的肯定，并且这个肯定至少要等同于自我认知，这是自尊存在的主观基础。自我认同建立起来后，接下来就是防御外来的可能存在的不尊重。在这种防御意识下，一旦主人的自尊受到质疑、挑战时，必定会引发很大的反应，他可能会出现愤怒的情绪，甚至不排除愤而攻击公然挑衅者的倾向。

第一节　领地的建立

—✧ Micro-expressions ✧—

在自然界中，动物大多是靠自身的气味来确定它的圈子，建立自己的领地；而在人类社会中，领地的建立一般采用两种方式，即制度和身体。通过制度确立领地范围的人，不需要使用扩张性的动作来向他人展示自己领地范围。而通过手和脚的动作建立起来的领地范围，是源于心理上出现的防御意识或进攻意识，是当事人感受到威胁或者需要展现权威时所采取的措施，这也是本章讨论的重点。

通过身体建立的领地，其实就是用手、脚的动作建立起来的。

一、用手和臂快速建立自己的领地

用身体建立的领地，手和臂的动作最常见的有三种：

第一种是推。这是一种纯粹的防护动作，当事人借助自己的双手将自己与他人划分开来，在周围建立一道屏障，使自己免受侵扰。明星、名人等在被狗仔跟踪或是遭人偷拍时，身

单手建立领地

边的安保人员经常会作出这样的动作反应。相对于其他动作，"推"这个动作呈现防护意味是非常显而易见的，即使不是专门研究微反应的人也能看出其中的内在含义。

第二种，俗话称之为"扎膀子"，就是将双臂轻微张开、向下，一般情况下拳头会配合着捏紧。由于人的体格形态不同，这个动作还有变形，它主要是适用于那些肌肉较发达的人身上。当他们做出这个动作时，往往是手臂的张开不会很明显，但肩膀会因此而舒展变宽，行为人本身在感受到肩膀的扩张之后，通常还会配合轻微的晃动以增强效果，令人不敢轻易冒犯。

双手建立领地

跟"推"比起来，这种姿态所含有的意义比较复杂。于行为人自身而言，这个动作一方面起到建立领地的心理暗示作用。手臂尽管只是轻微的张开，却也是一种扩张，增大了行为人所占的空间；另一方面则是让自己看起来更具威慑力。因为手臂的张开使人的肩膀也随之舒展变宽，整个人看起来比较魁梧，也在某种程度上增加了个人的威慑力。

用手臂建立领地

第三种是两手交叉，置于胸前。一般情况下，普通人做这个动作时带有防护的含义。双手交叉抱在胸前，给人的感觉就是将自己与他人隔开来，保持一定的距离。但假如动作的主人属于身材魁梧、上肢粗壮的人，则大多都不是出于防护的需要，更多的是表现出自己的威慑力。交叉抱臂比前面提到的"扎膀子"占据的空间更大，并且双臂交叉会引起上身肌肉的收缩和重叠，使人看起来更加魁梧和厚实，增加个人的威慑感。

假如你所面对的人出现了第二或者第三种反应，那么说明此人的领地意识很强，处于高度戒备的状态。

🙂 二、用脚和腿巩固自己的领地

同手的功能相似，脚也可以用来建立个人的领地范围，并且通过脚的状态和变化所透露出的线索，会更加贴近人的原始本能，传达出的信息也就更精准。举一个例子，当人在搭乘电梯时，由于身份、地位、心态等的差异，会形成各式各样的站姿。地位较高的人员搭乘电梯时，通常是采取较舒适的姿势自然站立，而当人多拥挤的时候，则有可能会岔开双脚，本能地占据更多的空间以显示自己的统治权，免受别人的侵扰；反观处于下层长期受指挥甚至是挨批评的小职员，他们在电梯里最可能的姿态是在角落里或者边上，双腿并拢站立，有意识地减少空间的占据。

用脚建立起的领地，最常见的姿态是岔开双脚，这在很多场合中都会出现。岔开双脚的动作反映了一种强势的心态，是行为人用来凸显自己的统治权，保证自己不受过多的侵扰。如前所提到的地位较高人员在电梯里岔开双脚便是如此。另外，岔开双脚也常出现在对峙

电梯中不同站立姿势表明不同地位和感受

的双方中比较强势且具有攻击性的一方身上，并且也会结合手臂的动作，使自己占有更多的领地范围，看起来更威风，不容侵犯。日常生活中，这个动作在军人、警察身上出现的几率很高。双脚的岔开，是权力意识的折射。单单从这个动作本身来说，它并不具备防范心理，但它从潜意识上表明"我所占据的是我的领地"。假如这时还有人入侵的话，就势必会引发行为人的抵制。所以说，岔开双脚是为了表达强势的心态，至少是在心理上希望自己表现得强势些。

双脚叉开建立领地

第二节　获得领地的掌控感

在自己用手和脚建立起的领地内，行为人享有绝对的掌控权。在这里，他具有极大的优越感，因而显得非常自信，无拘无束。一般来讲，在这个领地范围内的人，根据性格类别的不同，大致会有两种反应：炫耀与松弛。而从一个人在其领地内的炫耀反应，可以看出行为人的掌控心态，并且能够判断出行为人对当前所处环境的信任感与安全感。

首先来看一下炫耀。在这里，炫耀并不是平常所说的通过张扬，甚至挑衅的方式向外宣示、夸耀自己及自己的所有物，强调自己某种优势等行为；而是指某种积极风格的自然散发，可能是运筹帷幄的儒雅，也可能是攻无不克的霸气，能带给下属很强的安全感和权威感。也有人用"气场"来形容这种状态。炫耀反应的最佳例证就是走路时身体的晃动。应该注意的是，这种晃动的动作幅度并不大，是一种不容忽视的特殊风格。

再看看松弛。与炫耀这种威风八面不同，松弛是一个人在自己领域中的另一种反应，它表现为自由自在、不拘小节。这源于掌控者完全放松的心态。由于每个人的放松状态不尽相同，因此也很难总结出一个普遍适用的形态来加以描述。正因为如此，身体的松弛成了我们研究的重点。

在不同的状态下，身体的松弛反应也会有一定的程度与之相应。这里主要讲的是坐姿状态下身体的松弛状况。

1. 腿的角度

坐姿状态下的双腿最常见的姿势有正常、敞开、并拢三种状态。这三种状态中，双腿并拢是比较吃力的状态，最为自然舒服的状态是双腿约呈 80 度角分开，在没有任何障碍的情况下，80 度左右的角度使大腿自然放松，既无须刻意向内约束，又不必夸张的敞开。

另外，还有一个动作经常出现在人放松自在的状态中，那就是用脚尖勾着鞋子轻轻晃动，这其实是一种典型的自在表现，在女人身上更容易看到。但是，并不是所有的勾脚尖都是放松的体现。也有可能是遇到压力的人，为了放松自己，故而采取肌肉运动的形式来调节自身身体的紧张程度。

体现压力的勾脚尖

体现自在的勾脚尖

2. 抖腿

尽管目前学术界，关于抖腿是否能代表一定的心理状态这个问题尚无定论，但有一点是毋庸置疑的。那就是，兴奋和生理上的舒适有时候会引起抖腿。研究说明，抖腿会导致能量的耗损。既有能量的

消耗，也就意味着它并不是精神完全放松。但这种肌肉的运动会消耗掉多余的能量，使身体保持平衡，人自然就会比较舒服。因此，虽然说这种状态并不是完全放松，但却是在放松的基础上产生了积极兴奋。

3. 躯干

在坐姿状态下，躯干的主要形态也有三种：挺直、略微弯曲以及后靠的坐姿。在这三者之中，保持脊柱的挺立是比较费力的动作。完全放松后的脊柱是略微弯曲，通常为了缓解腰部的压力，往往会让躯干后靠在椅背上，略微向后仰起。

身体的松弛

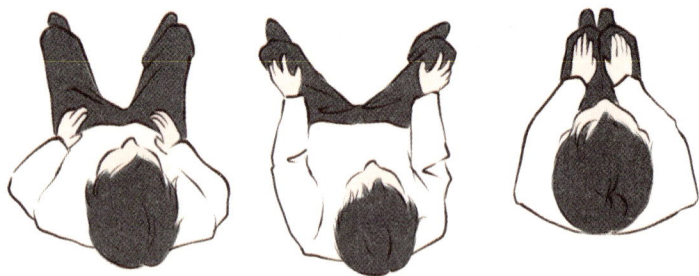

坐姿时腿的角度

4. 眼睛

放松时，上下眼睑都呈现出松弛的状态，眼球的运动频率降低，也较少去四处张望。

5. 呼吸

这时的呼吸平稳、均匀，没有明显的起伏变化。

6. 声音

此时由于体内没有多余的能量，因此，当事人的音量适中，符合本人的常态。音调也处于常态，既不会过高，也不会过于低沉。讲话的频率符合当事人的行为习惯，或许跟往常一样，也有可能变得很慢。但还是因人而异，需要具体情况具体分析。

第三节　成为领地的主人

☆Micro-expressions☆

😀 一、领地所有者的姿态

在个人的领地范围内，身为掌控者，既有权利舒服自在，不拘小节地享受生活，也有义务维护好统治者的工作。那么，身为这块领地的领导者，应该具备什么样的姿态，才能领导他人呢？

事实上，在积极的掌控状态下，人所体现出来的最常见的面貌为果断，毫不犹豫。具体表现为短促有力，无论是说话方式、行为动作，甚至小到一个眼神，都是非常果决的。会尽量减少各种命令形式的时间，一方面要求他人绝对的执行，不容置疑，以保证流程的顺畅进行，提高团队的工作效率；另一方面则减少自己内部能量的消耗，保留更多的精力来应对外部事务。

手的动作	小动作强化

语言方面主要表现为说话时言简意赅、直截了当，说话的语句一般少带主语，而是直接从动词开始，语句中除实质性的内容外，那些用于表意的带有修饰性的言辞基本上都被省略掉。一句话，就是要简单明了。

而在行为动作方面，其幅度通常不会很大，以中小幅度的快速动作为主，并且大多是单向发力。用这些简单形象的肢体动作来增强语气，以清楚地完成所要表达的意思。但假如双方之间的身份、地位差距悬殊，领导者会采用一些更突出其差距的小动作，如单独使用食指来指点，或者是通过下巴的轻微举动来表达自己的某种意图等。但是，这些举动不一定是由客观的身份地位差距产生的影响，它仅能判定出处于领导者的那一方自我感觉较高，没有为尊重对方，为对方考虑。

二、领地主人的强势

当一个人处于自己的领地范围内时，支配者在很多时候都能够随意地接近领地中的任何人。由于身处从属地位，被靠近的人不会也不能介意，这是因为领地内的支配者具有绝对的权威。假如在未经许可的情况下，有人贸然靠近或者入侵支配者的领地范围，则很有可能会被视为公然的挑衅，继而引发主人的不悦甚至是反击。

最能突出主人强势的最极端地点，当属封建时代中国皇帝居住的场所，其中的规矩极其严格，制度极为繁琐，强调了皇帝的高高在上、不容侵犯。作为这方领地的最高掌控者，皇帝可以在皇宫之内的任一角落游荡，而其他人只能按照规定来行事。一旦不慎违反规定，则很有可能遭到严厉的惩罚。另外，处于对某些臣子的恩宠与奖赏心理，皇帝会使用"赏紫禁城骑马"等特权，允许被赏赐的人在自己的地盘上行走、骑马、坐轿等。

在现代生活中，常见的用于表现主人强势，突出其领地意识的，应是领导的办公室了。在这里，领导可以随意所欲地走动、说话，没有任何顾忌和忧虑，而作为下属以及外来者，则不能到处乱动，更别说是没有得到允许就任意闯入。

第八章

仰视反应：
判断内心自我
定位的反应

对于比自己强大的事物，人总是会不由自主地表现出仰视和敬畏的态度来。尽管在人类发展史上，也出现了以弱胜强，以小胜大的事例，然而这仅仅是一小部分，并不足以根除人们骨子里对于高大、强势的仰视心理。

仰视反应，是对自己能力高低、地位差异、胜败预测、优劣定位进行判断后的反应。进化积累的本能，使得人会仰视比自己高大的对象，蔑视比自己矮小的事物；反之，人也会本能地尽量抬高自己的身体以期建立优势，也会在处于劣势的时候，把自己的身体下意识地放低。所以，观察一个人的体态高低，可以判断其内心的自我定位。

第一节　居高临下的仰视反应

对于比自己强大的事物，人总是会不由自主地表现出仰视和敬畏的态度来。尽管在人类发展史上，也出现了以弱胜强，以小胜大的事例，然而这仅仅是一小部分，并不足以根除人们骨子里对于高大、强势的仰视心理。

假如一个人比自己的对手强大，则容易由心底生出满足与轻视，潜意识中的高大至上原则，甚至会让人产生傲慢等反应。

一、充沛的优越感——傲慢

这里的傲慢是由潜意识里的优越感带来的。在傲慢心理的主导下，当事人会持有一种优越感，认为自己的条件要比对方好很多，双方是不能相提并论的。在他看来，是完全没有必要与对方进行交流，其态度中包含了不屑与蔑视。

普通程度的傲慢反应头向后仰，下巴抬高，上眼睑自然耷拉下来遮住一半眼球，这是伴随着傲慢情绪而产生出来的动作。在日常生活中，非常完整的傲慢反应并不常常发生，最常见的一般都只是轻微程度的表现。傲慢反应中，下巴是一个比较特殊的部位，具有指向功能。并且其

普通程度的傲慢

指向始终透露出一丝轻蔑和自以为是的高傲。经典的姿势如下：头向后仰，下巴略微抬高，眼睛下视，从整体上而言，是一副居高临下的态势。这种动作通常适用于很熟的朋友间，或短时间内没有利害关系的点头之交，以及初识的但尚未建立起任何利害关系的人之间的无所谓交流情境中。它使当事人无须费太多力气，便能感觉到良好的掌控程度。程度稍微加深的是再加上一些摇头晃脑、半露犬齿的轻蔑表情。此外，还有一种程度更深的轻蔑意义更浓的傲慢反应，即仰头、抬起下巴，但并不正面朝向对方。这种姿态往往会与挑衅的表情相结合，更强调了轻蔑的程度，刺激力度非常之大。以2010年11月被捕的日本黑社会组织山口组二号人物高山清司的态度最为典型。

被捕时的高山清司画像

由上图可看出，高山清司的下巴是略微上抬，眼睛一边闭着一边呈半睁开半闭合的状态，在这个姿态下的高山清司看起来十分的傲慢，十足的表现出一种不屑的态度。事实上，当警方闯入高山清司家中时，尽管他神态自若，且没有拒绝被捕，但当时的媒体还是根据其当时的反应称其态度十分傲慢。

有指向的下巴　　　　　向性的下巴（非正面朝向）

二、无声的威严——命令

由上级向下级发布的权威性指示，或者由具有正当权威或权利的人所下的特定或日常指示等，通称为命令。与傲慢反应有所区别，下命令的人在客观上高于被命令的对象，而并非之前所提到的自以为是的高人一等。事实上，在上级向下级发布指示或命令时，只需展露出其平和但无声的威严即可，甚少出现傲慢反应。因此发命令时的姿态大多是，脸上比较平静，没有什么表情，眼睛也不是完全睁开，上眼睑也会遮住部分眼球。

电影《教父》中的维托·柯里昂教父对命令这方面的掌握非常

到位。在电影中，教父是很绅士的，不轻易发怒，但自有一种慑人的威严，令人不敢直视，这是他的人格魅力。就是这种举重若轻的气质，征服了一代又一代的人，是对御下之道的完美诠释。

🎃 三、自我的肯定——自满

除了傲慢，不屑，轻蔑，在没有明显敌对意识或统治意识的情况下，还有一种可能会出现抬头的情况，就是自我满足的时候。自满俗称骄傲，是一种个人自我满足的心态，肯定自我的认知。每个人对于自我的评价与认知都倾向于好的方向，试图找出自己满意的地方来保持心理健康。当外界的评价大于或等于个人的自我评价时，就会直接引发当事人的满意或骄傲情绪。在这种情绪的主导下，当事人会做出相应的动作来反映其心理——包括抬头、挺胸、上扬眉毛。而这一系列动作都是为了让自己看起来更高大些。

第二节　谦卑服从的仰视反应

😋 一、自我定位的降低——低头哈腰

与抬高、壮大自己的抬头恰恰相反的是低头。低头意为降低自己，使自己低于对方，一般是当事人用来表示自己的礼貌、谦逊以及服从。需要说明的是，这个服从不仅包括诚心诚意地服从，还包括处于劣势下的委屈服从。也就是说，低头虽然意味着自我定位的降低，但其中所要表达的情绪及其程度，还需要结合其他的微反应线索来断定。

点头哈腰

前面提到过，低头有表礼貌、谦逊、服从之意。在低头的状态下，身体其他部位的动作不同，其意义也就有所不同。例如，用低头来表示服从时，脊柱是保持直立的状态，并且具有一定的力度。与之匹配的肢体语言是，面孔朝着斜下方低下，并保持这个状态一定的时间，这时整个人看起来就是一副服从的态势。至于当事人是否真的认同他所接收到的信息，则需再进一步的分析。同样是低头，脊柱直立，其一是头部只稍稍低下，与脊柱间的夹角较小。一般来说，出现这个反应的人，可能是心里不服气，因此用这个姿势来表示其内心的反抗；其二是头部仍旧低下，但与脊柱之间的角度增大，低下的程度更大些。做出这个姿势的人，有可能是犯了错误，因而心怀愧疚。

低头而脊柱弯曲　　　　低头而脊柱伸直

另外还有一种姿态，也是低头，但与前两种不同。这里低头时的脊柱是弯曲的，甚至带动身体的其他部分也呈现弯曲或者降低的状态。这样的低头姿势通常并不一定完全认可所接受的信息，但也没有反抗的心态，以古代中国的叩首、磕头礼最具代表性。

此外，低头的心理动因可能是为了将脸藏起来。也就说这时的低头并非出于降低自我定位的需要，它更多的是一种逃离反应，最常见的情绪表现为羞与愧。害羞是一种忧虑情绪，它源于行为人对自己的不确定，因而担心对方发现自己的不足而减少对自己的关注。当人害羞的时候，就会下意识地低头，试图将自己的脸藏起来以免对方看到。殊不知，正是这样的举动，更使行为人的身体反应和手足无措全然暴露在对方面前。惭愧与害羞相似，也带有忧虑的情绪在里边，但这种忧虑的程度较低。惭愧更多的是因为意识到了自己的不足或者错误。

在中国传统的酒文化中，有一个很有趣的现象：喝酒碰杯时，酒杯的高低定位取决于个人身份地位的高低。其实这也是仰视反应的一种体现。当酒桌上的人物身份地位有高低之分时，身份较低的人向身份高的人敬酒时往往是用酒杯的杯口去碰对方酒杯的中下部，这几乎成为一条不成文的惯例，无论身份高低都心照不宣地接受了这种身份的定位行为。如果双方之间的差异越大，杯口之间的高低差距也会随之拉开。

二、卑微地巴结奉承——献媚

有时候，出于某种动机，人会刻意做出某种姿态或举动来讨好、迎合他人，或是卑微地巴结、奉承别人，这就是我们常说的"献媚"。献媚的人自我降低的程度要比低头的更深一些，它表示当事人对被献媚的对象毫不反抗的追随与服从，虽然这种服从不一定是发自内心的遵从。有一首诗形容献媚者是：

"为讨好别人启齿掀眉，每一个表情都写满了卑微；

为巴结别人强笑或者挥泪，每一根神经都透着虚伪；

没有丈量是非的尺度，只有实用主义的圆规；

在上司面前永远当晚辈，在百姓面前永远当太岁。"

诗歌生动地描述出献媚者的姿态与心理。从古代开始，我国就创造了大量关于献媚姿态的词语，如卑躬屈膝、奴颜婢膝、点头哈腰等均形象地再现了这种形态。

三、腿脚的变化

仰视反应还能从腿和脚的变化中折射出来。我们知道，当人处于小心谨慎的时候，步伐会很小心翼翼，这时候的幅度和频度都会减缓下来，变得很小；而在谦逊之时，双腿会并拢起来，并且向后略退一小步；至于奉承巴结他人时，在现代表现为双腿站得笔直且并拢在一起，而古代的姿势则为自然屈膝，呈下跪的趋势。这样的姿势，我们可以参照宫廷戏中的奴才婢女的动作。尤其是清宫戏，把下级对上级的各种恭敬、谄媚、恐慌、惧怕表现得淋漓尽致，让那些有野心和幻想着自己被别人恭敬的人自我膨胀，得到满足。

第三节 如何利用仰视反应体现彼此尊重

彼此尊重的双方，他们的反应不外乎有几种：点头、握手、拥抱、拍照时的站位等，这些都是互相尊重的双方表现出的种种反应。

一、常见的尊重礼节——点头与握手

1. 点头

在日常生活中，点头是一种最为常见的打招呼方式。从动作的本身来看，点头实际上是低头尊重与顺从的衍变，在时间长度以及动作幅度方面均有所减少。因此，点头的初衷即是对对方的赞同、认可、尊重。行为人及其被认同的对象双方之间并不存在很明显的等级差别。

2. 握手

握手，最初并非作为表示双方的礼貌而出现的，而应是为了证明彼此之间都没有手持武器，可以摊开手来放心谈论，不必担心出现无理争斗而危及人身。随着时代的发展与文明的进步，握手渐渐变成一件相当微妙的事情。当两个不熟悉的人，彼此间第一次握手时，或许可以得到一些额外的信息。一般地讲，握手可以分为礼节性的握手、平等趋近的握手、有地位差异的握手以及施压性的握手四种。

首先，纯粹礼节性的握手略显中规中矩。一般是在初识的双方首次见面，并且是此前对彼此均不甚了解的时候。礼节性握手的时间短促、力度小、一触即散。如果握手的人为异性，则握手的姿势是只用手指进行浅尝辄止的接触，特别是女性作为主导方或占据优势的时候。这样的握手，表示双方暂时保持绝对的独立，若要加深彼此之间的关系，则需要再进一步的接触。

纯礼节性握手

平等趋近的握手适用于双方都对彼此有了一定的了解，并且能够相互认可甚至是惺惺相惜的人。在握手时可以用整个手掌相握，可以适当地发力，同时上下摇晃。不过这种握手持续的时间依然不会很长。这时候，如果你也接收到来自对方的同等的回馈，则表示对方与你一样都期待着双方进一步的交流，希望两者的关系能够再深入一些。

平等趋近的握手

至于存在地位、身份等差距的握手，假如双方之间的优势差异比较大，则可能会出现明显不对称的行为。明显强势的一方在握手时通常会给对方很平淡的感觉，既不会太用力，握手时间也不会很长，晃动的幅度较小。而与之相比，较为劣势的一方，其表现则恰恰相反。其握手的力度相对大些，为表己方的趋近和尊重会让对方先松手，并且握手的幅度是听凭对方的掌控。假如双方之间的优势差距过大，弱势的一方还可能会不由自主用双手捧握对方的手，或者扶住对方的手臂。根据这些动作的特征，可以判断出你所面对的人，他（她）是如何定位你与他（她）自己的。这有利于你接下来的决策开展。

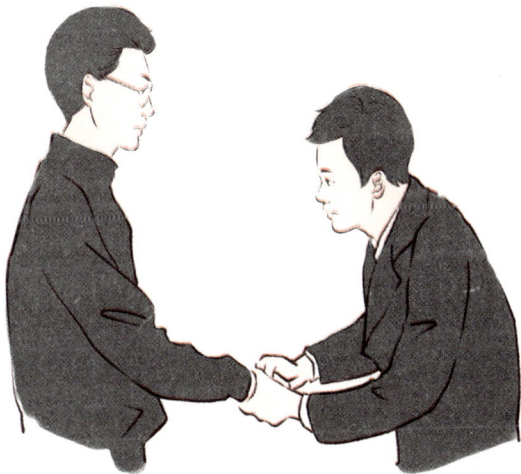

有地位差异的握手

　　施压的握手是指握手的人想要通过这个短暂的礼节性动作来进行较量，借此欲突出、强化自己的强势。通常想告知对方自己很强势的那一方，往往会很用力地握手以显示自己的力量，并在晃动手的同时，带有下压的力道以便突出自己的地位。如果在与人握手时碰到了这种情况，就说明此人内心深处有想要凌驾于你之上的想法。假如一个人心存敌意，可能就会不由自主地做出这样的举动来。但是，也不排除握手的人完全是无心之举这个可能。

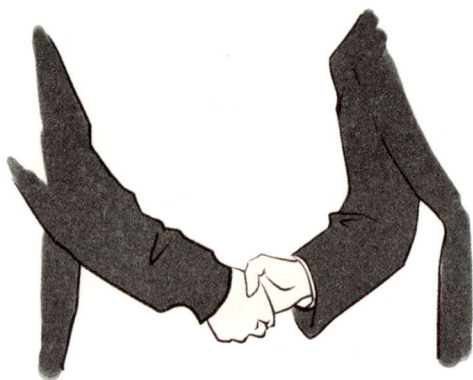

施压的握手

🍄 二、热情的拥抱

　　拥抱是所有亲近礼节中，一种比较热情的动作。标准的拥抱动作，必须由两个必要条件构成：一是身体的正面，即胸腹面，最大限度地贴在一起，两者的距离已缩至最小；二是手臂搂住对方的身体并向自己的方向用力，做出再进一步缩短彼此间距离的努力。因为拥抱带来身体之间的亲密无间，因此这个展示热情的动作，渐渐演变成一个通用的亲近礼节，并常常被用以表达彼此情感关系上的亲密无间。当然，这里的情感关系并不仅仅适用于男女之间的情爱，还包括其他的感情，诸如亲情、友情等。

标准的拥抱

正因为拥抱成了通用的礼节，它为人们所使用的范围也逐渐扩展开来。在很多电视剧、电影中，我们时常可以看到，那些有过节或者心怀芥蒂的人，会在一些特定的场合，如众目睽睽的公众场合中，刻意拥抱对方，借这个动作以违心地表示他们之间的亲近与和谐。殊不知，明眼人一眼就能看出他们的貌合神离。因为这个拥抱是并非出自真心，拥抱的双方内心本就存在间隙，因此他们的动作会显得生硬艰涩而露出明显的破绽来。或许就因为内心的不配合，所以才出现了这样的貌合神离吧。

同真正的拥抱相似的是，违心的拥抱也是由两个必要的条件构成的：躯干距离和手臂用力，这是违心拥抱的典型特征。下面将这两个典型特征分别进行简单地介绍：

第一种违心的拥抱主要表现在拥抱时身体正面的距离控制。两个人面带笑容走近对方，张开手臂，热情地欢迎彼此。但是，在抱在一起的瞬间，只有肩部和头部是贴在一起，而自胸部以下的部位则没有进一步的接触。可以看出，这是有意与对方拉开距离，因而身体以及腿都移向远离的方向。整个姿态透露出一种距离感，双方内心中真实的矜持或疏远也不言而喻。

至于第二种违心拥抱，则表现为手臂发力将对方拉近自己的力度过轻。通常政要们会面时，若需要拥抱对方，我们能看到他们在拥抱时双方对头、躯干、腿脚的距离控制恰到好处，没有明显的分离痕迹，但双手的拥搂则是点到为止，没有将对方拉近的意思，不过常常

违心的拥抱

会以手轻拍对方的后背以示友好。

由以上两种情况看来，违心的拥抱也不一定是阴险、带有恶意的。它有可能是由拥抱者并不熟悉对方所致，也就是说，这两者之间的关系可能是平和、善意的。至于如何判断双方之间的关系，还需要根据具体情况来分析。

三、拍照站位的尊重

参加过或者观看过公众活动的人应该知道，领导、嘉宾等在握手寒暄之后，接下来会做的事情就是照相留念了。这种做法其实是在告知人们，双方之间的合作是真诚的，前景是美好的，彼此的关系也是亲密、融洽的。拍照时，主角通常是比肩而站，有时甚至是手臂相搂，以肢体的亲近来暗示心理的亲近。

在这里，拍照时的自我定位以及与对方的关系也是一门很讲究的学问。首先，应该指出的是，在这个活动中，主办方是处于自己领地范围内的掌控者，也就是说，主办方在主客方中处于优势地位。所以，身为掌控者的主办方要表示各种热情欢迎，同时也需要采取授予的姿态以便展现各种动作形态。

热烈的欢迎通过两个方面来表达，一是热情握手以表己方诚意；二是给客人留出更多的空间、机会展示他们，通常在是自己的左侧，让客人能够尽可能把身体的正面展示在镜头前面。不过这只是一般的情形，具体情况还是要根据现场情境来决定。

另一方面，握手时，因授予一方通常都是手心向下，而祈求一方则与之相反，为手心向上，因此主人是以自上而下的姿态与客人的手握在一起，客人则多是自下而上迎接主人的手以完成整个握手的动作。整个过程是合作且融洽的。

第九章

胜败反应：
战斗结束之后的反应

　　人的胜败反应是一种对外界刺激瞬间发生的反应，属于人类心理应激性范畴。当一个人胜券在握、情绪兴奋、狂喜万分的时候，他的表情乃至身体动作都下意识地呈现上扬的趋势，当一个人心情低落、懊恼沮丧、自卑无助的时候，会表现出眉目低垂、身体畏缩之态。

人的胜败反应是一种对外界刺激瞬间发生的反应，属于人类心理应激性范畴。应激性是一种动态反应，它发生在一瞬间，产生的最终结果是使生物适应环境。针对外界各种因素的刺激，生物的应激性也呈现多样化：植物的向性、动物的趋性和人的反射。人的反射行为无疑是应激性的一种高级形式，因为它伴随着神经系统的参与。

　　人的胜败反应表现为由"地心引力原则"所影响的应激性表现。根据"地心引力原则"，当一个人胜券在握、情绪兴奋、狂喜万分的时候，他的表情乃至身体动作都下意识地呈现上扬的趋势，身体重心也随之上升，他行为的一切是"反地心引力"的；反之，当一个人心情低落、懊恼沮丧、自卑无助的时候，人的重心被地心引力所牵引，会表现出眉目低垂、身体畏缩之态。

　　人对地心引力的抵抗是有神经系统参与的，神经系统在人体生命活动中起着主导的调节作用。当神经系统正常运作时，人和地心引力可以保持着平衡的关系。当人的神经系统意识越强时，对刺激作出应答的能力就越强；相反，如果神经意识进入抑制状态，那么人的行为也会显得能量不足，表现出疲弱的姿态。这与上述的"地心引力原则"密切相关。因此可以说，胜败造成的心理起伏与"地心引力"有关。胜利会令你"离开地球表面"，而失败则会使你坠入"地底三万尺"。

　　要对抗"地心引力"，首先是神经系统处于有意识的状态；其次，身体需要足够的能量来与自身所受的重力相拼劲。神经意识越兴奋，人就越容易获得足够而旺盛的能量，他就能轻易地对抗"地心引力"，作出"反地心引力"的行为和表情：例如跳跃、踮脚、举手、翻跟斗、扬眉、嘴角翘起、下巴抬起等。当神经意识兴奋程度越低，能量值也直线下降，无法抵抗地心引力的牵引，身体重心会下坠，浑身透出无力感。因此当人情绪低落时，就伴有下垂症状的行为表现：如垂头丧气、叹气郁结、瘫软无力、脚步踉跄、抱头蹲下、嘴角和眼角明显往下拉伸。这是他们身体的能量瞬间流失，身体肌肉无法抵抗地心引力而失衡的表现。通过两种截然不同的行为反应，我们可以比较容易地判断一个人的心理现状。

第一节　胜利者的尽情宣泄

————☆ Micro-expressions ☆————

胜利者通常都会最大化地表现自己的能量，以期望获得关注和赞赏。神采焕发的胜利者能量充沛、动作张扬、呼吸加快、气息加重，不断上升的能量令他们打破地心引力的惯性，身体呈现往上跳跃的趋势。胜利者的微反应是极具渲染力的，他们通常难掩兴奋而语调高昂，喜悦而笑逐颜开，不断与其他人激烈地互动，希望将自己的能量散发出去。很多比赛者在胜利得分后都喜欢与队友击掌，这种击掌的行为就是一种传递能量的方式。当我们观察一个人的时候，如果他是外放的、互动积极而频繁的、精力充沛而总是表现出跃跃欲试的姿势，可以预测这个人处于胜利的乐观前景中。

一、过度的兴奋——狂喜和激动

世界级的运动员要赢得对手获取胜利就必须经过长时间艰辛的

训练，并且接受残酷而激烈的挑战才能登上冠军宝座。运动员的胜利可谓来之不易，因此他们的胜利反应往往表现为过度的兴奋，这是对艰难过程的激烈补偿。世界乒乓球锦标赛男单决赛中，年轻的实力小将张继科以 4 比 2 战胜队友王皓，夺得冠军。胜利后他难掩激动的情绪，作仰天呼啸状，并撕扯自己的球衣，尽情宣泄胜利的喜悦。在赢下最后一个球的时候，张继科展现出霸气的姿态：他高举手臂，伸出双手食指指向天空，仿佛向全世界大声宣告："我赢了全世界！我就是第一！"

仰天呼啸

仰天长啸、撕破球衣、高举食指……这一系列的行动都将张继科内心的狂喜和激动表现得淋漓尽致。而这些行为，是大部分竞技赛胜利者的习惯性动作。竞技运动员在比赛中追求的是胜利和荣誉，一旦他们经过漫长的努力和激烈的竞争获得胜利后，就会感受到巨大而积极的刺激，使他们的神经意识处于过度兴奋的状态。这种过度的兴奋感在比赛结束一刻得到宣泄和爆发的机会，于是就有了胜利者不断"突破地心引力"的系列举动。另一方面，竞技者在比赛中储备了充足而大量的能量以应付挑战，当比赛结束时，他们需要挥霍剩下多余的能量，来使身体恢复正常状态。因此，胜利者既有着异常兴奋的意识，又有着充足的能量，他们对地心吸力的抵抗是必然的。欢呼、跳跃、掷抛物品、翻跟斗、奔跑、与队友跳起击掌……都是典型的"反引力"行为。

胜利者的激励反应除了释放紧张的神经和宣泄过剩的精力外，

还有意或无意地带有炫耀的色彩。刘翔在 2012 国际田径联合会钻石联赛以 12 秒 87 的成绩夺冠，获得了个人职业生涯的最高记录。难掩兴奋的刘翔与往常一样，披上国旗向观众振臂致意。这是一种典型的胜利反应，他披上国旗的行为，是一种炫耀式的自豪感。"披上国旗"是一种在正常情况下不会随便执行的举动，但对于比赛冠军来说，他们可以通过这种特殊的方式来增加自己的荣誉感，聚焦观众的目光和引领他们的欢呼喝彩。

披国旗

在 2012 年 CTCC 中国房车锦标赛珠海站比赛中，作家兼车手韩寒被罚从第 15 位发车，最终超越所有对手夺冠，被誉为 CTCC 的"神奇战役"。赛后，韩寒戴上头盔站在车顶上高举双拳作出胜利姿势，那一刻所有的闪光灯都聚焦在他身上。在这场战役中，韩寒从一开始的极端劣势到最终卫冕冠军，整场比赛是惊人的逆转，因此他的兴奋感和自豪感比起其他赛事也更为显著。其实，比赛冠军登上领奖台最高处本身就是一种"自豪的炫耀"权利，也是胜利反应的一种。"登高"是一种让更多人瞩目的方式，带来更大的关注和接受观众的礼赞。

胜利者在极端紧张刺激的赛事过后，过度的兴奋会一触即发。在这种情况下，他们的胜利反应是张扬的、激烈的、异常的、炫耀式的。这种反应在胜利的一刻就瞬间爆发，带着强大的能量和活跃的神经意识，带来激动的情绪，积极反抗地心引力。当然，如果竞争者在艰难的比赛中耗尽了自己的精力，在胜利的一刻心里即使万分激动，也会因体力不支、能量透支而无法进行"反引力"行为。还有一些参赛者的情绪因过度激动而难以自持，可能会喜极而泣。

韩寒登高

😀 二、喜悦与满足——沾沾自喜的得意

除了狂喜和激动的反应之外，胜利反应还有各种不同的表现形式。在日常生活中，我们常常会通过一系列迅速而复杂的小动作来表现自己的沾沾自喜，导出自己内心的喜悦感和满足感。所谓"得意忘形"，人在得意的时候总是不自觉地表现出一些细微的表情和动作，与正常的状态有所区别。

赌博是识别胜败反应的一个绝佳情景。在赌桌上，玩家会小心地控制自己的表情以防止对方识穿自己的策略，但通过一些细微的肌肉运动，我们还是能判断他们是否处于上风。最容易出卖他们的是双脚的运动：当玩家拿着一副好牌的时候，他的情绪受到大脑边缘系统的控制，不由自主地表现出兴奋和激动。他的双脚自然地踮起和抬高，或者不断抖动，身体会坐直和前倾，这是他们"反地心引力"的行为特征。还有另外一个特征是下巴抬起，这是自信和积极的表现。如果玩家对手中的牌自信不够，觉得无法胜出，他们很少会作出抬起下巴的挑衅姿态。处于下风的玩家最可能表现的状态是双手交叉环抱胸前，缩小自己的活动范围。

人在得意的时候会有飘飘然的感觉，也是一种意识里反引力的作用。人们在这种"飘飘然"感觉的驱动下会表现出自信。

美国苹果公司前 CEO 乔布斯在每一次发布会上的演讲总是热情洋溢、光芒四射。他自信的表情中透露着权威感和自豪感。从微反应来分析，乔布斯演讲的动作和姿势都是胜利反应的表现。在演讲中，乔布斯不仅有创新的讲演方式和技巧，而且他时时保持着开放式的姿势。他总是频繁而积极地使用手势来带动演讲，双手的大部分时间呈环状于身前。几乎每一句话，乔布斯都运用手部姿势来强调重点。保

持这种将双臂悬起、双手作开放式环状的姿势是非常费劲的，但对于乔布斯来说，这恰恰是他显示权威、信心和能量的独特方式。

乔布斯

乔布斯在 IT 界有着无人可取替的地位，苹果的数码产品风靡全球。在万众瞩目的发布会上，乔布斯的喜悦、自信和得意的心情不言而喻。他悬起双手进行频繁的手部动作，并不是一种刻意为之。这是他神经系统处于高度兴奋状态所产生的积极反应。只有情绪到达兴奋的状态，才能自然而然地进行着对抗引力的行为，表现出积极的姿势。相反，如果是一个不够自信的演讲者，他可能会抽回自己的双手，身体变得僵硬而闭合，尽量减少能量的消耗。

第二节　失败者的沮丧消沉

　　失败者总是处于劣势和弱势，这也使他们显得黯淡无光、意志消沉。很多人会鼓励失败者，劝谕他们振作奋发、重展笑颜。其实失败者的消极表现，也是受到地心引力的影响。地心引力无处不在，在胜利的喜悦中我们可以轻易克服它，表现出高昂的姿态；但是在失败的懊恼、悲伤和哀恸中，我们对它只能够俯首称臣，任由它牵引我们往深渊坠去。失败的原因有多种，因而表现方式也各不相同。但从微反应系统看来，无论是懊恼、悲伤还是哀恸的情绪，都是对地心引力抵抗的失败。

　　当我们处于失败的意识中，神经系统的兴奋程度会骤降，能量也会随之停止补充和瞬间流失。这种状态是人所经历的最艰难的时刻之一，因为我们的能量无法抵御地心引力的拉扯，人的重心下坠，身体各部分也呈现无力、疲软的状态。在极端情况中，很多人因为过于悲痛而倒地甚至昏迷，都是因为控制身体平衡的神经系统进入无意识状态，能量失去后人无法保持肌肉的力量从而无法站立。

☺ 一、对自己行为的悔恨——懊恼

懊恼是失败中最常见的一种反应。在这届欧洲杯意大利对西班牙的小组赛中，意大利天才球星马里奥·巴洛特利上演了令所有人跌破眼镜的一幕。巴洛特利在双方 0：0 胶着的情况下前场抢断，带球一路朝对方禁区直奔，单刀直入。但就在龙门前，巴洛特利的行为却让全世界人百思不得其解：当时对方门前没有任何人打断他的运球，但是他却突然眼神迷茫并且诡异地减速，像散步一样把球缓慢地带向前，直到被对方从后路把球抢断才回过神来。巴洛特利的古怪行为在赛后引起了所有人的揶揄和打趣，大家都调侃他说："巴神的世界，凡人永远不懂。"但是不管他当时在思考什么问题导致行为异常，被抢球后巴洛特利实在是感到万分的后悔和懊恼。

巴洛特利捶地发泄

如果说在控球时巴洛特利的行为让人费解，被抢球后他的反应

却是典型失败反应：恼怒和黯然神伤。在比赛中，可怜的巴洛特利因错失机会跪坐在球场上捶地发泄，为自己犯的过失而后悔莫及。他表情纠结，怀着不可置信的感觉，是失败后不认可、不接受的崩溃反应。

懊恼的情绪除了激动的垂首顿足外，还有一种是由无奈、后悔和失望引起的，表现为失败者的垂头丧气和耷拉着脑袋。失败带来很多负面的心理刺激，这些负面因素压抑着神经意识的兴奋，令人产生巨大的心理压力，使身体无法恢复能量从而造成缺乏抵御地心引力的生理支持。

在另一场亚洲杯的比赛中，中国国足同卡塔尔队正面交锋。尽管球员赛前都士气高涨，球迷在场外也大声呐喊助威，但经过90分钟激战，国足还是以0–2惨败。比赛结束后，国足球员都因失败而垂头丧气，甚至泪洒赛场。这场比赛对国足来说是关键一战，战败后的中国队在小组赛中将面临着严峻的处境，被淘汰出局的可能性非常大。

国足

因此，这场比赛的成败对球员来说是一个沉重的压力。输了比赛之后，失败的负面因素再次转化为庞大的心理压力，击垮国足球员的心理防线。因此，失落、沮丧、无奈和懊恼的情绪都无可避免地体现在他们的行为反应上。从球场上可见,当时国足球员的头都低着头、表情麻木、脸部肌肉下垂,有情绪激动者禁不住掩面饮泣,或伏于球场上抱头痛哭。这些典型的失败反应,无论是轻微的表现还是明显的肢体行为,它们都呈现出一种往下的趋势。失败的情绪就好像巨大的漩涡,将一个人身上的所有能量都卷入地底三万尺,这个时候人的能量是最薄弱的,丝毫无法抵御失败所带来的所有消极影响。

二、感情的失败——悲伤

悲伤作为失败反应的其中一种,最常出现在恋人的感情关系中。年仅 24 岁的英国创作型歌手阿黛尔在近两年来横扫欧美乐坛,成为在格莱美等多个颁奖礼上的最大赢家。每一次在台上演唱自己的金曲《Someone like you》的时候,阿黛尔都不由自主地流露出悲伤的神情,甚至哽咽而无法继续演唱下去。很多乐迷都知道,这一首歌诠释的是一段刻骨铭心的失败感情经历。阿黛尔的前男友在与她分手后,马上就和另外一个女生订婚。前男友的背叛让阿黛尔沉溺在酗酒、抽烟、暴饮暴食中导致体重狂增。当她无法自拔之时只能靠音乐来宣泄自己的情绪,这首《Someone like you》就是在最绝望无助的时候写下的作品。

阿黛尔的感情经历给她带来了挫败感,而演唱这些歌曲仿佛让她重新体验一次这段失败的恋情。正如她所说:"演唱这些歌曲真的很困难,因为它们在提醒我过去当我们还在一起

阿黛尔

相处的日子有多灿烂……而当我们关系恶化的时候又有多糟糕。"舞台上黯然失魂的阿黛尔之所以能感动听众的原因，就因为她不是在表演，而是以真实的感情来历练歌曲的内容。在演唱过程中她眉头紧锁，眼神空洞而哀伤。

悲伤源自对失去的无奈，它表现为黯淡的神色、弛缓的动作、无力的姿态和紧闭的自我，这一切都是能量缺失的外在反应。

三、最激烈的情绪反应——悲痛

悲痛是一种比悲伤更为激烈的情绪反应。在天灾人祸的事件中，失去至亲好友的幸存者不能接受残酷的现实，大部分人的反应都是相拥而泣或者号啕大哭。这些都是人面对突如其来的打击时最真实和本能的反应。在地震和重大的交通事故后，人们到达意外现场辨认亲属的遗体。死者家属的激烈反应诠释了撕裂人心的悲恸：无法接受事实、不甘承受真相、不认可结果的心理。悲痛欲绝是心理崩溃的极端表现，它与悲伤不同之处在于：悲伤是一种偏向沉寂的情绪，正如一潭死水，无半点水花；而悲痛比悲伤所需要的能量要多一些，它希望通过能量的宣泄来改变不能接受的事实真相，行为也更为激烈。

但并不是每一个人都用同样的方式来诠释悲痛的。有人会号啕大哭不能自已，有人不能承受刺激而瞬间晕倒，有人会双脚失去力量顷刻瘫软无力，这些都是最直接的悲痛反应，也可以称为单纯而正常的悲伤。但同时也会有较为复杂的悲伤反应，例如长期沉浸在痛苦中，封闭自我而难以自拔；悲痛的情绪在悲剧一开始的时候被压抑着而造成延迟的反应，直到后来悲痛才变本加厉地袭来；夸大的悲伤反应，导致恐惧和失去理性，造成身体和心理创伤和异常；掩盖悲痛，感到难受但是不承认这种难受与失去亲人有关。因此以微反应辨别悲痛情绪的同时，还要考虑到复杂的反应现象。

日本在经历了 9.0 级大地震后，我们从电视和网络上，都很难看到对着镜头哭泣崩溃的民众，也看不到极度渲染悲伤气氛的煽情报道。哀而不伤，是震后日本留给世界的印象。被迫离开家园的日本民众，冷静而有秩序地步行在公路上，低头默默向前，沿途听不到哭声；在饥寒交迫的收容所，数百上千无家可归的灾民静静地等候着，没有呼天抢地的场面。悲痛的情绪没有让日本民众失态，显现了他们对过度悲痛克制的意识。从另一方面来说，日本民众的反应是经过长时间教育和社会习惯所形成的，他们的感情更为内敛，所以需要对微反应作细致的分析，才能察觉出在文明与教育影响下日本人心里真正的悲痛之情。

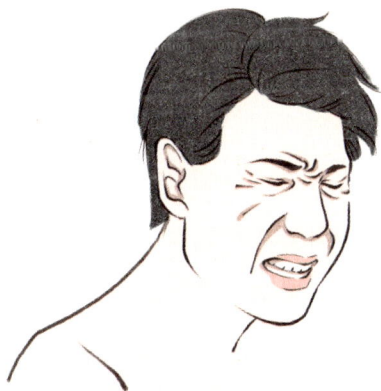

号啕大哭

第三节　对胜败心理的自我调整

　　所谓"胜败兵家事不期"，比赛结果总是充满变数而无法预料。对成功和美好结果的渴望是每一个人的共同心理，无论是体育竞技、商场竞争、人与人之间的关系甚至人与自然之间的关系都是一样。一般情况下，传达胜利的肢体语言清楚明了：挺胸、抬头，并显露一种高视阔步和有信心的神态；而被打败的羞愧也同样容易辨认：如低头、垂肩、丧眉耷拉眼等。

　　由于每个人对待胜败的心态和承受能力不同，即使是同一种胜败结果也许会产生截然不同的情绪体验。对胜利的体验有可能是积极或消极的。积极的情绪体验主要表现为对获得的成绩产生一种心理的满足感、振奋感，往往因胜利而受鼓舞而增强信心，继续提升自身实力；消极情绪体验主要表现为：骄傲自满、目中无人、过高估价自己、看不到缺点与不足和盲目自信。同样，面对失败也会产生两种不同的情绪体验。失败者的积极情绪体验为：发现了自己的缺点和不足、全面分析失败的原因并决心克服。在这种情况下，失败激起了比赛者的斗志，令他们明确了方向和目标，更加自信地投入下一场比赛中；而消极失败情绪体验为：经不起失败的打击、情绪低落一蹶不振，从此意志消沉失去自信。

神经衰弱倾向的性格特征总是把自己的胜利看成运气，或把失败归罪于自己准备不足、手段不够并且把自己看得一无是处。这种性格倾向的人容易对自身微不足道的过失和缺点无限夸大。从表面上看，他似乎表现得很谦虚。一旦遭受失败，他就承认是因为自己能力不够，恨不得逃避一切挑战来避免失败。在失败的时候，他会作出懊恼、无奈、神伤和自闭的各种微反应行为，以表现出自己失败者的姿态。但这类性格的人一旦获得胜利，又会突然自信满满，自认为技术比人高出一筹。

这类型的人气量比较狭窄，内心非常自负。当他胜利的时候，他亟须得到别人的夸奖和鼓励；当他失败的时候，他会极度垂头丧气失去自信，任何鼓励对他都毫无用处。他也对别人的言论很耿耿于怀，所以在这类人失败的时候最好避免讽刺和挖苦，不然会加重他内心的自卑感。

歇斯底里倾向的性格则与上述性格相反。具有这种性格特征的人会把胜利全然归功于自己的本事高，但失败则归咎于运气不佳、比赛不公平或对手耍手段。这种人虚荣心极强，因此对得失成败的结果看得很重，并且胜败时表情都在脸上表露出来，最容易被对方看清楚底细。这种人极度地以自我为中心且非常任性，通常在比赛中情绪会不够稳定，或者任意宣布要中途休息。另外，这种性格特征的人通常会带有极强的心理暗示，在过程中只要稍微受到挫折或者被别人讥讽，就会马上失去信心和动力，一下子就"蔫"了，容易在比赛中失利。对这种性格的人进行微反应分析，会发现他们的姿势会比较张扬，时而兴高采烈手舞足蹈，时而垂首顿足愤慨不满。他们的脸部表情和语言表情也比较夸张，一旦发生挫折和不如意之事就容易呼天抢地，说话声调高而刺耳，动作剧烈无法自控。

偏执型倾向的性格无论胜败，都从不认真思考总结，只是执著于表面的结果中。在胜利的时候，他们会洋洋自得，对胜利结果念念不忘，并伴有夸张的表现。但是当失败的时候，他们会认为一切都是对方的错误所引起的，或者对方以不公平的手段来对付自己。他们的自我观念极强，倘若一切情况和结果出乎自己的意料之外，他们绝不承认是自己的能力有问题，只会认为"自己被对方害惨了"或者"对方肯定耍了什么手段"等诸多借口来逃脱失败的沮丧。更甚者，会突然翻脸不讲理，指责对方作弊或宣布比赛结果无效。总而言之，他们只接受好的结果，对失败总是推卸责任。而且这种类型的人自尊心非常强，从微反应来判断，他们在失败的时候脸部会瞬间僵硬、表情不自然、嘴巴微张似乎想申诉什么。这种人话语多重复，且容易被激怒，在人际关系中容易造成紧张状态。

自我防御情绪的性格特征与上述各类反应都不甚相同。表面上他们是对胜败完全不在意的人，胜不骄、败不馁，总是保持着"宠辱不惊，闲庭信步"的态度。但细心观察此类人的微反应，若发现当他置身于胜败的纠纷里，虽然摆出一副漠不关心的姿态，但却流露出一丝厌恶感，那其实他并不是真正淡泊名利的高人。这类性格特征的人内心相当脆弱，有意脱离现实以抵抗内心的欲望。在胜败未分之际，只要一看情况不受自己控制，这种人就会马上放弃坚持、或者自嘲开玩笑，以此表现出自己完全不介意胜败得失的影响。其实，这类人极易受到情绪的牵引，只是习惯性进行自我压抑。他往往流露出不够坚定的眼神、言辞闪烁、逃避话题，常常与人保持一定的距离。

不同性格的人在不同的情况下，以积极或消极的情绪来面对胜败，要辨别他们的真实反应有一定的难度。人们常说"麻将桌上见人品"，在麻将桌上的确是很容易观察到一个人在短暂的得失中，究竟会作出哪一种类型的情绪反应。这个时候的情绪反应往往是简单直接的微反应，因为时间极短而变化很快。在实际社会的竞争中，人往往需要时间克服自身的性格倾向来调整胜败反应。能够成功克服自身性格弱点而作出积极反应的，通常被称之为强者；反之，不能认识自身性格缺憾，面对胜败时消极无助，就被称之为弱者的表现。观察人的胜败反应，可以以此来分析每个人的不同心态，在具体的情境下对他人的情绪和心理作出准确的判断，还可以用来预测对手下一步的策略和事情未来的走向，相应采取最有效的应对措施。

调整好胜败反应其实有助于进行心理调节，改善自我心理状态。反过来，控制情绪也会决定胜败。患得患失的情绪会影响判断，股神巴菲特就曾经说过样一句话："任何人都有能力做到我所做的一切，甚至超越我。那些做不到的人并不是因为世界不允许，而是因为他们自己的原因。"积极和消极的情绪是决定成败最关键的因素，调整胜败反应就是一门"情绪管理学"。在微反应系统研究中，我们知道胜败反应与地心引力和能量有关，因此"情绪管理"实际上也是一种"能量控制"。

面对胜败的时候，我们需要对自身能量进行控制。在胜利的时候要以健康积极的方式来疏导大量的能量，避免过度兴奋和洋洋自得；在失败的一刻能迅速克服能量的流失，尽快找到补充能量的方式来抵御负面的牵引力，保持心境的平和稳定，对现状作出冷静而睿智的分析处理。

第十章

善用微反应，让你在人际交往中得心应手

人生其实就是一个大舞台，每个人都是演员，都在扮演着不同的角色。人在变化，角色也在不停地变换。

人生其实就是一个大舞台，每个人都是演员，都在扮演着不同的角色。人在变化，角色也在不停地变换。

一个好演员不仅要扮演好自己，还要洞穿别人的心，而最好的办法就是读懂的微反应，通过一个细微动作，一个不经意的微笑，识破他人内心的真实想法。

研究报告都显示，大多数的成功人士之所以成功，都是因为他们懂得从别人细微的动作里，读懂别人的内心世界。

第一节　微反应的综合应用

我们前面在第六章中提到的"安慰反应"，讲到当我们受到外界的一些刺激后，内心感到恐惧和害怕以后，我们的大脑会立即发出信号：不怕不怕，安慰我一下。然后不经意间就做出了轻轻按摩脖子或者脸部，或者玩弄一下头发的动作，以安慰自己。

这些不经意的细微动作可能有时候连你自己都没有察觉，但这些小动作却暴露出你的不自在或者害怕等一些内心世界，让别人一眼就洞穿了你的内心，掌握了你的本性和思想，从而更好地掌控你。因此，在人际交往中，如果不想总处于被动的地位，就一定要隐藏起那些多余的微反应。

🤪 一、经典的嘴部动作——笑

人们往往认为，眼睛是最能表现人的情绪的。其实，嘴巴也是很重要的表现工具。嘴巴能带来口唇的安慰。比如当婴儿啼哭时，让他吮吸奶嘴，产生安全感，从而得到心里安慰。还有我们会经常看到，一些小孩到了陌生的环境，很喜欢吮吸手指头，这也是一种安慰。还有在我们上学的时候，当我们思考问题时，也很喜欢去咬笔头，这也是对自己内心的安慰。

仔细观察，可以发现嘴巴的运动方式主要有四种：张开闭合，向上向下，向前向后，抿紧放松。通过这四种方式可以勾勒出各种不同的嘴角弧度，然后形成了各种不同的动作。通过这些丰富的嘴部动作，可以反映出一个人的心理情感和性格特征。

在嘴部动作中最经典的是笑，它是最能表现人类的情绪。而且不同人的笑法也不同，有的人习惯开口大笑，有的人习惯抿嘴笑，从不同人笑的特点上可以分析出一个人的大致性格。

（1）狂笑

在狂笑时，嘴角总是使劲地往上翘，这类人一般善于社交，性情很温和，能让人感到亲切，具有很大的冒险精神，并且对任何事都很积极，喜欢乐于助人。他们最适合做秘书工作，很善于处理繁杂事务，越繁杂的工作他们越喜欢，而且能处理地有条不紊。

狂笑

（2）开口大笑

在开口大笑时，嘴角总是成平线，这类人粗犷大气，不拘小节，大大咧咧，行为大方。但对很多事情总是缺乏耐心，一遇到困难，容易知难而退，做事有始无终，只有三分钟的热情。但这种人在经商方面可能会有所成就。

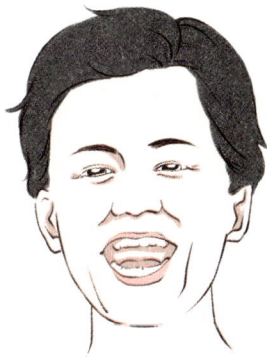

开口大笑

（3）微笑

在微笑时，嘴角总是稍往下垂，这类人一般性格比较内向，腼腆，不太喜欢说话，与人交际会存在一定困难，但是这类人很善于观察细节，喜欢分析人家的言语，但时常半途而废，所以没什么成果。他们很擅长手工艺和缝纫方面的技能工作，语言学习能力也较好。

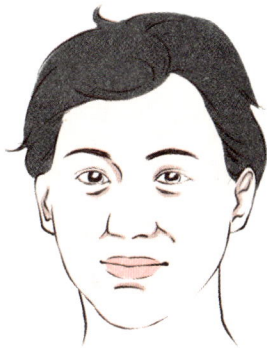

微笑

（4）眯眼笑

眯眼笑的时候嘴角一般是向下的，在平时的社交场合中，这种人一般是不开口的。这类人的性格一般都比较倔强和固执，对周围人都不信任，也不够坦诚，有时候为了怕吃亏，明知道一些事情却假装不知道而隐瞒不说。他们的性情不太温和，很容易大发脾气。这类人一般多才多艺，有理想和抱负，但不喜欢与人交际，所以很难与人合作。

眯眼笑

二、嘴部其他小动作

除了笑之外，嘴巴还有其他的一些习惯性的小动作。

1. 嘴抿成"一"字型

这种人一般性格比较坚强，是一个肯吃苦耐劳的实干家。一般交给他的任务会很迅速圆满地完成。因此他们很容易获得上司的赏识和提拔。

嘴抿成"一"字型

2. 喜欢把嘴巴缩起

这种人一般干活比较认真仔细，会成为一个好帮手，但不适合做领导，因为他们天性多疑，不容易信任人，喜欢亲力亲为。这类人比较容易自闭。

3. 嘴角稍微向上翘

这种人一般性格比较活泼外向，头脑较机灵，心胸也比较宽广，比较随和，一般很好相处。

4. 交谈时嘴角的两端稍微向后

表面他正在认真倾听对方说话，但这种人一般没有什么主见，容易受别人意见的左右，有半途而废的习惯。

5. 下嘴唇往下撇

证明他对对方的谈话内容表示很大质疑，对自己的意见拥有足够的把握，并且很想立即找到证据反驳对方，直到对方承认错误为止。

6. 上下嘴唇都往前撅

则表示这个人正处于一种防御状态。

7. 嘴角总是向下撇

则表明这类人一般性格比较固执、刻板，比较内向，不太爱说话，不太容易听取别人的意见。

在交谈中，有些人也会时不时地做出各种嘴部动作，或表明自己的态度，或表现自己的情绪变化，或者只是一种习惯。

比如，在交谈中，用牙齿咬住嘴唇，或者喜欢把双唇紧闭，则表明他可能在用心地倾听对方说话，也可能是他在认真思考对方的话，与自己进行对照。

在说话时，喜欢用手遮住自己的嘴，表明这个人很内向，不善于表达自己，不太自信，甚至比较保守，有点自闭。尤其在陌生人面前，还会对别人有很大的戒心。

经常舔嘴唇的人则表明他正极力压抑着自己内心的兴奋和紧张情绪，他们经常会感觉到口干舌燥而喝水或者舔一下嘴唇。

经常口齿不清或反应迟钝的有两种情况：一种是确实语言能力不太优秀，而且在其他方面也表现得很平庸的，这种人一般很难有大建树。还有一种情况是，他们只是在语言表达上有欠缺，在其他方面或者某一方面却很出色，只是不喜欢表现自己，但常常要么一言不发，

要么一语惊人，还是有一定才华的，只要再付出一些努力，很有可能取得成功。

在说话过程中，突然清理嗓子并且声音变调了，则说明说话人对自己的说话内容根本没很大把握，并且还具有杞人忧天的倾向。如果男性出现咬住烟头，并且用唾液进行滋润，则表明他的心智还不够成熟。

其实，有些时候，通过观察一个人的嘴形，也可以大概判断这个人的性格特征。薄嘴唇或者绷紧嘴唇的人一般比较固执、严谨，为人比较精明、吝啬。而厚嘴唇的人一般是比较乐观开朗。

嘴部口轮匝肌的运动对嘴部形状的形成具有很大影响，厚嘴唇是因由于习惯性地放松口轮匝肌的结果，而这种放松通常也是人们所喜欢接受的性格开朗、为人爽直随和、接受能力强等。而薄嘴唇和终日绷紧的嘴唇是由于经常把口轮匝肌绷紧的结果。

如果说薄嘴唇或者绷紧嘴唇的就代表为人严谨，厚嘴唇就代表为人开朗热情，那么一片嘴唇绷紧，另一片嘴唇松弛丰满，这表明这个人的性格十分矛盾。

其实我们还可以这样理解，那些喜欢把嘴巴收缩，绷得紧紧的人，是担心上当受骗，想抵挡住外界干涉的一种表现，把嘴唇绷得紧紧的只是不想让自己的感情或者情绪影响到自己或者他人。而嘴唇丰满的人则表示一种正在享受的放松状态。

😋 三、眼神的应用

在人际交往中，人们经常会透过对方的眼神去窥探他人的心理。俗话说，眼睛是心灵的窗户。眼睛确实能透露出人的真实情感和意图，但如果想更准确、更迅速地透过眼神看对方，还需了解一些有关的技巧和应用。

比如在交谈中，对方出现的不同眼神又流露出什么呢？

1. 对方的眼睛看向远方，表示对方对你所说的不感兴趣或者想到了其他事情。

例如，在谈判过程中，对方是你的一个很重要客户，当你在说话时，他不经意间将眼神移向了别处，并且把目光聚焦在某一点不动，则表明他在想其他的事情。如果你们在谈生意，对方是买方，则你要注意不要把大量的货物卖给他，因为可能他付不了款；如果对方是卖家，则不要购买他的很多货物，因为他的货有可能大部分是次品。总之，当

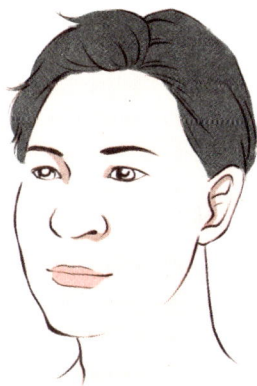
看向远方

你的交易对象出现了这种眼神时，你就要注意了。"你有什么烦心的事儿？"如果对方急忙地说："不不，没什么事情……"这时你应该斩钉截铁地说，"那我们以后再谈吧。"然后果断地与他终止交谈。

还有，例如在某次会议上，如果你观察到一个人对坐在他正对面的那个人看也不看一眼，那么，等到他对面的那个人发言时，你可以试着问他："你觉得他的意见如何呢？"如果对方立即做出很强烈地反驳，则证明他们之间曾经有过过节或争论。

还有在生活中，如果你很认真地跟你的女友交谈关于结婚的问题时，而她却心不在焉，把眼神撇向别处，则证明她在考虑别的事情，或者是她对结婚还没有信心，又或者是她已经有了新欢，正不知如何

跟你开口。出现这种情况，你应该用试探的语气问她："有什么问题吗？我们可以一起解决。"

2. 斜视对方的眼神，表示轻蔑、拒绝或感兴趣的心理。

当人们聚集在一起交谈时，经常可以看到有斜视对方的眼神。这一般表现了对方拒绝、轻蔑、迷惑或者藐视的心理。在商业竞争中，对手之间切磋的时候经常可以看到这种斜视的眼神。

但并不是所有斜视的眼神，都表现了这种心理。比如在异性之间，如果出现了斜视含笑的眼神，则表明对对方感兴趣。

斜视

尤其是在双方第一次见面时，这种眼神一般出现在女性身上。如果你是男士，一位不太熟悉的女性对你投出了这种目光，则表明她对你很感兴趣，这时候你只要大胆地跟她交谈，就可以马上把略显蔑视的眼神转化为极有兴致的眼神了。

3. 对方眼神发亮略带阴险时，表示对人不信任，处于戒备中。在男女之间如果出现了这种眼神的凝视，则说明此人已经对对方产生了敌意和憎恶的情绪；初次见面的谈话中，也有可能会碰到这样的眼神；还有当被朋友或者同事误会时，你要将曲解的

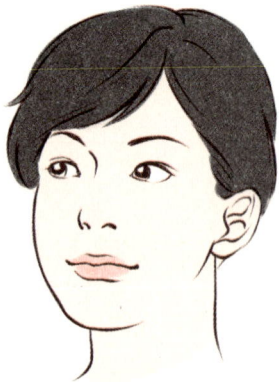

眼神发亮

事实向大家解释的时候，也有可能会收到这样的眼神。

在初次见面时，如果对方出现了这种眼神，则证明对方对你不够信任，已经对你产生了防备。如果不是自己说了什么让人觉得印象不好的话，就可能是对方已经从别人那里或者介绍人那里听说了对你的不好评价，产生了对你的蔑视。

女性穿着太过奢侈，打扮太过耀眼的话，也容易招致这种眼神，容易被别人误会，用某种发亮却略带阴险的眼光去注视着你，这时候你应该在言行举止上加以注意，以解除别人对你的误会。

4. 对方的眼神毫无表情，表示心中有所不平或不满。

一般人们会认为，只有在人们情绪不高或者心怀气愤的时候才会面无表情，其实不是的。当人们在沉思的时候也会出现这种表情，根据个人习惯的不同而不同，有的人沉思的时候习惯把眼睛凝视远方，而有的喜欢闭上眼睛。等到思维整理好了或者产生了新的想

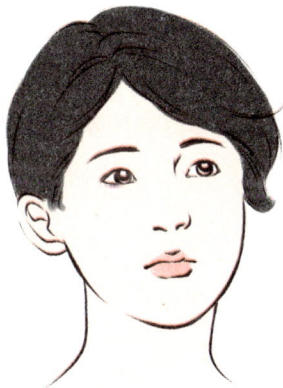

眼神毫无表情

法则又会立即显现出有神发亮的眼神，或者有规律地眨眼睛。但在日常交际中，一般面无表情都表示心中藏有不满或者不平，不是好表情。

如果在某一天，你在路上偶遇一个好久不见的老朋友，对他说："我正好在这附近，要不要过去喝茶？"如果这时对方勉强笑一下，又马上毫无表情，这就说明对方心中有不安或焦虑，并且对现状不满。当一对情侣在闲谈时，如果女生突然要离开，眼神毫无表情，则证明她心里已经有了不满的情绪。

一些性格胆小的人有时候受到人家的邀请时，不懂得或者害怕拒绝，则只会慢慢地跟着人家后面走，做出面无表情的眼神。遇到这种情形，你应该立即追问他："有哪里不舒服吗？"表现出关心。

当两个人出现冲突时，往往也会出现毫无表情的眼神，这时候不要轻易去介入他们之间。

四、面试坐姿很重要

在一些比较严谨的场合，比如在面试中，不能做过多自我的肢体语言，不然只会更加出卖你的紧张与不安，给别人留下不好的印象。

一般所有的公司面试都是采用面对面座谈的方式，一般面试的时间要持续十几分钟到二十几分钟，所以坐得久了，感到不舒适了，一些肢体小动作就自然出来了，跷二郎腿、抖脚、踏地板，甚至是玩弄衣带、烟盒、笔、手表等一些物品，这些不经意的小动作往往会带给别人很大的反感，会把之前你给对方创造的那个有修养、有知识、有礼貌的形象毁之一旦，显得你很不成熟和庄重。

面试端坐

如果你在面试官面前做出了类似的动作，则会让他对你的印象大打折扣，甚至可能会重新对你进行考虑。

为什么一个人的坐姿如此重要呢？这是因为坐姿是向外界传达

内心情感的重要方式之一。仔细观察一个人的坐姿，可以推测出这个人的大致性格和当时的心情。在面试的时候，一个正确优雅的坐姿，可以向面试官传达出自信、友好、热情的正面信息，还能显现出高雅、庄重的良好素质和修养。反之则相反。

中国功夫讲究，卧似一张弓，站似一棵松，不动不摇坐如钟，走路一阵风。不仅练功如此，在面试的时候，也一定要讲究坐姿，良好的坐姿是带给面试官良好印象的关键因素。在面试官面前，要表现出自己的成熟和稳重，有意识地控制自己平时的一些不雅动作和不良习惯，以免使自己的不良坐姿影响到自己的前途。

首先，你应该找准坐的位置。有两种比较极端的坐姿是应该避免的，一种是贴着椅背坐的，会显得太放松或者随便；另一种是只坐在椅边，这样会显得过于拘谨和紧张。最恰当的位置应该是坐满座位的三分之二，既能说明你坐得稳当，很有自信，也不会因为坐得太少而向前倾，还有也不会显得你过于放松，把面试的地方当茶楼。

其次，要注意上身姿势。要保持头部端正，不低头、仰头、歪头、扭头，要保持身体直立、端正。双手可以叠放在一起在自己的一条腿上，可以两只手分别放自己的两条腿上，也可以自然平放在皮包或者文件上，或者放在椅子旁边的扶手上，亦或是放在身前的桌子上。

另外，你还应该注意下肢的姿势。一般为了表示庄重，都会正襟危坐，其实是错误的，因为这样反而会显得你过于拘谨，让面试的气氛比较僵硬。这时你可以一些比较轻松大方的姿势，如垂腿开膝式、双脚内收式、双脚交叉式来"摆放"你的双腿。如果是女士的话，还可以采用前伸后曲式、双腿叠放式、双腿斜放式，这样的姿势既美观又优雅。

值得注意的是，坐下之后，不要让双腿叉开得太大，或者直接

伸出去，不要抖脚，不要把脚尖指向面试官，上身不要趴在桌子上，双手也不要抱在腿上，这样会显得过于随意和放松。在面试的时候，你可以选择叠腿，但一定要把两腿并拢，保持美观和得体的坐姿，带给面试官一个良好印象。

第二节　利用微反应，编织人际关系网

在前面第五章中我们讲到爱恨关系，人与人身体的距离，往往就体现了彼此之间的心理距离。从同事之间的亲密无间到避而远之，身体的距离往往透露出了内心的真实情感。因此，在人际交往中，特别是在职场中，很好的掌握利用爱恨之间的距离，在职场中编织出一张庞大而牢固的人际关系网，会使你在人际交往中游刃有余。

一、利用"爱"，拒绝"恨"

在职场中，我们经常能听到一些人总是抱怨工作压力大，很多事情都做不顺心。其实很多时候，这种工作压力并不一定与工作量和工作难度有直接的关系，一般都是因为不会处理人际关系，也就是日常所说的不会"搞关系"，遭到别人的拒绝、冷落、厌恶，结果总是孤军奋战，结果常常是事倍功半，导致心情压抑闷。

所谓的"搞关系"，并不是指熟人之间的搞关系，而是去寻找任何一个可以帮助你的人，用你的毅力和热情去打动别人，利用"爱反应"，拒绝"恨反应"，让别人主动来帮助我们，很多工作中的难题就迎刃而解了。

不会"搞关系"的人，就等于封锁了自己的资源宝库。缺乏跟别人沟通的勇气，也就缺失了在性格上的热情和毅力。在人际交往中，总是希望别人去靠近自己，自己却不会懂得主动去与别人交流，到最后，这种人只会逐渐被别人抛弃和遗忘。

在公司里，我们经常还可以看到一些"独行侠"，总是独来独往，一般都是埋头苦干，在集体活动和发言中，也总是默默无言，表现冷淡，对任何事情都是一副漠不关心的样子。这种人很少受欢迎，甚至都很少被记住。通常都是因为惧怕"恨反应"，而不敢去跟别人交流。

在职场中，除了努力工作之外，打造职场的好人缘也至关重要。我们应该拒绝"恨反应"，用自己的热情和主动去争取得到好人缘。努力打开自己封闭的思维，去了解别人的心理和情感，不要总是站在自己的角度考虑问题。

如果你总是使用过于敏感和防范的"恨反应"去对待别人，结果会导致没有人愿意跟你交往，只有坚持改变自己，尝试利用"爱反应"去和别人进行沟通，才能扩大自己的交际范围，打造自己的职场好人缘。

爱恨反应在销售上的运用也非常的广泛，在电话促销或者电话推销中，会遭到无数次的拒绝，销售学里有一句很经典的话可以用来解释这种拒绝："你会经常遇见打了20个电话都被拒绝，但却有一个可以成功。这一次成功足以抵消那20个拒绝。而每一次拒绝之间都是独立的，你不必认为那是20次失败，实际上，它只是1次。"

我们可以在打电话前，先伸个懒腰，打起精神，对自己做个简单的清洁，或者哼几首自己喜欢的歌，让自己彻底放松下来，还有可以对着镜子微笑，给自己打气说："我能行！"在打电话时，也请不要忘记微笑，研究证明，微笑能够让人放松，并且能使自己的声音更具感染力。

说话时最好讲究简明扼要，控制在 16 秒以内，这样就不会使自己的声音颤抖，也能保持冷静，不会使自己的神经过于紧张。

为防止自己忘词，或者表述不清，可以用一份详细的电话稿来增加自己的信心，但并不是要照着稿子念，那样就会显得生搬硬套，要轻松自然地说话。底稿的作用只在于在慌乱的时候给你一个坚强的依靠。

当参加陌生人很多的活动时，也要避免"恨反应"，利用"爱反应"，充分利用这次机会，去结交更多的朋友。

在你参加活动时前，为避免在会场时遇到陌生人时无话题可聊的尴尬，你应该先想好你可以探讨的话题，比如书和电影就是不错的选择，但那些你不想讨论的话题，比如你刚刚离婚，则可以事先把和它相关的问题想好答案。这样，当别人问道：你男朋友或者你丈夫呢？你才不会无言以对。

其实，在这种陌生场合，一般人都会有点紧张，扫视整个房间，你会发现大多数人跟你一样。所以你应该大胆一些、主动一点。

为避免在介绍之后出现无话可说的沉默，你可以从赞美对方说起，如夸赞对方的衣着："你的裙子很漂亮！"

在演讲时，我们更应该学会利用"爱反应"，感染你的观众，使他们认可你的观点。

在演讲开始的时候，我们可以做一些比较感性化的手势来搭配我们的语言。对于介绍我们上台的人，我们可以用手势来表示感谢，手掌向上用手臂对台下的观众不时地做一些恰当的手势，这些都可以帮助你宣泄内心的紧张感。

如果你还是感到紧张，不要惧怕它，要努力把它从你脑海里拔去。

心理学家提醒，刻意压制这些不好的情绪反而会助长它们。你应该认真思考并且承认它们的存在，说："是的，我还有点紧张，不过过一会儿就好了。"

当我们想要第一次约一个人时，特别是自己钟意的人，总会紧张。这时候，我们可以问自己："最糟糕的情况是什么？"这个问题会让你对接下来发生的事有一个具体认知，也会减少你的压力。无论将来发生什么，你都能很自信地很从容地去邀请自己想要约会的人。

首先，你可以先从自己认为最舒适的方式开始联系对方，比如邮件、短信，然后再进行电话联系。这样你会发现这样的沟通会很顺畅。

之后，你可以再次对你心底的期许进行一次确认。你想要的是什么样的结果？因为往往你的期望越低，你的自信就会越大，紧张度就会越低。因此，我们要客观的去看待事情，不要凭主观的感情对未来抱过高或者过低的期望。

😛 二、学会仰视，让你的上司记得你

可能你还在纳闷，为什么你比别人付出了更多的努力，而你却得不到老板的赞赏？为什么别人都能步步高升，而你还在原地踏步？

这是因为上司没有收到你的仰视反应。如果你不关注上司，上司怎么会关注你？

人与人之间的感情都是从频繁的接触中逐渐产生的。因此，要想拉近你与上司之间的心理距离，就应该增加你跟上司之间的物理距离。首先应该从汇报工作开始，你汇报的次数越多，上司就会更容易记住你。经常给上司汇报工作还会给上司一种你很尊重他的感觉，让他产生一种强烈的荣誉感，也会让他看到你对工作的足够认真和负责，

这样他才能对你产生好的印象。

也许你有时候会想，我做的工作我老板都清楚了，不需要汇报了。其实不是这样的，因为你汇报的不只是工作，还有你对他的尊重。这种尊重是上司赏识你的基础。比如你是一个业务员，对你所做的业务已经足够熟悉，但是你还是需要汇报，因为有时候往往上司听的不是你汇报的内容，而是确认他有没有获得你的尊重，只有让他感觉你已经足够对他尊重了，他才会去真心帮助你、关心你，让你的工作进行地更加顺利。

如果你是新到公司的职员，对公司还不够熟悉，上司对你的能力也还有所怀疑，这时候汇报工作是彰显能力和消除怀疑的最佳办法了。所以，从现在开始，多往上司办公室跑吧！不过，汇报工作要有内容，不然只会挨骂。所以不但要嘴快，手和脚更应该快，只有多做事才能赢得上司的认可。职场上，只有多做事，并且干出成绩来，才能得到老板的重用。所以一个既会做事又懂汇报的人，在任何环境都能如鱼得水的。

在很多时候，对于自己的工作内容，我们都是听从上司的安排，但有时候，也需要我们自己去争取一些机会，这就要我们主动去向上司请缨，而不是坐等安排，化被动为主动，才能表现出你对工作的主动和积极性。而且这样一来，即使最后的工作做得不是很完美，上司也不会轻易挑毛病，因为这种对工作的主动性是很多老板所喜欢的。可能到年终发奖金的时候，兴许要比人家多好几倍呢！

值得注意是一定不要忽视小事，因为工作中没有小事，也许就这些你所谓的小事，决定了你在上司心目中的地位，以及你的升职命运。同时，也要注意细节，细节往往决定成败。比如你是新进的职员，老板一般都会先交给你一些很简单的差事，然后看你完成的状况来判

定你的能力，是否可以列入重点培养对象。可能有些人心比天高，刚开始认为这些活太简单了，就敷衍了事，觉得那样简单的工作要我来做，简直有悖于自己的真实水平。其实这种想法是很幼稚可笑的，因为大的成就都是从小做起的，不把小细节做好，怎么能成就大事？所以，小事也要做好，这样才能给领导一种能做大事的感觉，才能让他继续放心把大事交给你，进而去欣赏你。

其实，要想得到上司的重视，最重要的是要服从。如果你总是坚持己见，像一头犟牛一样不听指挥，那么别说得到上司的提拔了，也许马上就会让你走人。要怎么样服从呢？首先，你应该做什么事情不要瞒着他，要让他知道你的工作进度，并且听从他的安排和指挥，不要做与你工作内容不相关的事，比如你是一名财务人员，却去打扫，那么做得再好也不会得到上司的赏识。

在人际交往中，往往能够很快拉近与他人关系的方法就是投其所好，知道对方的兴趣爱好，了解对方的价值观，这样我们才能进行更好地沟通。

同样的，对于处在职场中的你来说，上司就是你需要"投其所好"的对象，你应该清楚了解他的性格和做事风格，你才能避免不走进雷区，而"投其所好"地干活，这样你才有可能得到他的关注和欣赏。那么，你了解你的上司吗？

1. 你的上司是怎样的一个人？

要想得到上司的赏识，首先你应该了解他是怎样的一个人。如果他是个喜欢把握全局的人，那么你向他汇报工作的时候，就务必减去那些细枝末节，因为那样可能会令他很烦。如果他喜欢温柔可爱的，而恰巧你是狂野型的，这样你们就很难走到一块了。不过幸好工作不是婚姻，所以你只需要学会适当地隐藏自己，改变自己，这样至少不会有太大的冲突。你应该把所有的基本工作都做好，这样才有可能赢得他的信任。

2. 你是否在帮你上司达成目标？

如果你清楚知道你上司想要达成的目标，那么你最好去做点促成这个目标达成的事情。而且了解那些特别的目标，也有利于你对部门的发展方向的把握，通过那些信息也能使你采取有前瞻性的措施来帮助上司达成目标，那么上司很快就会把你当成是部门很有价值的人员，等到他的目标达成以后，他一定第一个提拔你。

3. 你是否清楚上司的做事风格？

你知道你的上司的做事风格和习惯？比如他是雷厉风行型的还是慢条斯理型的？如果他是雷厉风行型的人，那么你就要注意他说的每一句话了，有可能马上就实现，而且要按照他的指示有效率地去办，不然会产生很严重的后果。比如他喜欢上午处理事情还是下午？如果他不是很喜欢下午处理问题，那么你就尽量避免下午被他召见，特别是当你们有事情需要商量时。你会发现，可能他上午更容易听取别人的意见，这样他也更愿意去帮助你。

4. 你是否在尽全力改善本部门？

如果你有什么主意可以用来改善本部门，那么你一定记得要告诉你的上司。不过要记得是私聊，即使不被采纳也不会发生冲突，一旦采纳后使本部门工作得到了改善，那么他将会对你另眼相看，或大加赞赏，这样对自己以后的前途也大有帮助。当他赞赏你的时候，

可能就不把你当下属看待，而是伙伴关系了，这时候你将更可能被赋予重任。如果你的上司总是表现非常出色，这时候你就更应该时常让他显得更出色，这样你也可以沾到不少的光彩和荣耀。

在职场中，上司就是你唯一的观众，你必须对他清楚了解，才能得到他的赞赏和关注。要学会"仰视"你的上司，让他收到你对他的尊重和关注，这样才会换得他对你的更多关注和赞赏，只有这样才能让你的上司成为你的"升职福星"，帮助你在职场路上走得一帆风顺。

第三节 看透对手，找到商机

在谈判桌上，我们经常会面临很多突发的状况，比如对方突然将报价提高或者提出很多苛刻的附加条件，那么这些都将会令整个谈判进行得不顺利。

其实，你如果了解了一些关于微反应的小动作，就可以轻松的知道对方是否会被提高的报价吓到，或者是否会反感提出的苛刻条件。因为，从对方的一些反应和小动作中，已经透露出了对方的观点和态度，那远远超过用嘴巴表达出来的效果。你只要仔细洞察并读懂他这些小动作，就可以抓住那些即将溜走的"大商机"。

😀 一、纠正错误动作，谈判桌上不露怯

其实，很多时候，可能我们自己还没有察觉到，我们在谈判桌上的一些小动作，其实已经出卖了我们的紧张和胆怯。但是不要害怕，只要清楚地知道自己的哪些小动作暴露了自己的紧张，你就可以在以后的生活工作中纠正、避免。

肢体语言最容易反映出自己的心里想法，不管你是在面试、谈判中，都应该注意自己的身体语言，纠正那些不恰当的小动作，隐藏

自己的真实想法，让别人猜不透你
的心思，从而占据有利的位置。

1. 逃避眼神接触

在一对一的谈判中，你是否惧
怕跟对方用眼神直接接触，而总是
盯着脚下或者是前面的桌子吗？
是否从来就不敢看对方肩膀以上
的部位？这就是你没信心或者是
准备不足和紧张的表现。还有一种
情况要注意的是，你要避免你们之

谈判桌上不露怯

间有阻碍物隔离着，这样就不能方便你们直接进行沟通了。

其实在谈判桌上，要想占据有利的气场，你就必须看着你的对手。
用80%–90%的时间看着他的眼睛。因为一般真正的商业领袖在传递
商业信息时都是直接看着听众的眼睛的，还有请保持"开放"的姿势，
保持你的手打开，手掌向上，这样才能消除你们之间交流的壁垒。

2. 坐着或者站着不动

一般效率高的发言都是除了语言的传播之外，还有一些手势动
作的搭配，这样才能更好地拉动听众的情感，得到听众的认可。而一
些效率低的发言，例如学术性的报告，一般都是站着不动，在一个地
方一直说到尾的，这通常反映了他们思想的死板，整个发言的氛围也
是紧张和沉闷的，自然显得你也是没有魅力和活力的。

你要改变这种状况，需要做的是激活你自己的身体，多走动，
而不是眼神仅仅在幻灯片上游离。很多演讲者都认为演讲时要严肃和

庄重，应该笔直地站在一个地方，其实他们不知道适当的移动是听众可以接受，甚至受欢迎的。

比如一些充满活力和激情的演讲者会从房间的一边走到另一边，来传递他们的信息。他会用手指向幻灯片，而不是一直照本宣科地念下去，他会把手放在别人的肩膀而不是与听众保持一定的距离。一些伟大的演讲者总是乐意走到观众之间，并不停地徘徊，但不是漫无目的地行走。这样不但有利于演讲者思想的传播，还有利于增进演讲者与听众之间的感情。

3. 坐立不安、摇摆或晃动

如果你在谈判桌上出现了这些动作，那无疑证明了你内心的紧张和不确定或者措手不及的情绪。这时候一定要马上停止这些动作，因为它们不但不会让你改变目前的处境，反而会给对方一种你的能力不足或者信心不够的印象。

比如你是一家电脑公司的高级业务主管，要向你们投资商传递新产品的一些讯息，但你在作简报时出现了一种前后摇晃的动作，结果这个项目没有成功。尽管这个项目一直都在你们公司的掌控之下，但是由于你的身体语言却给了投资者这样的暗示，这位主管缺乏一定的能力和自控力。

为避免出现这种因小失大的情况，我们应该尽量避免自己出现这些小动作，去做有意识地移动来减缓自己的紧张。

4. 把手塞在口袋里面或放在两侧

把手塞在口袋或者拘谨地放在两侧，则表明你毫无兴趣，你不想参与或者很紧张。

为避免给人这种印象，你应该从口袋里拿出你的手，做出一些表示下定决心或果断性的手势，把两手放置在腰部以上是最好的。这个动作有点复杂，不过能使你的听众对你很有信心。

没精打采、后仰或驼背

这些姿态往往是没自信的一种表现，通常会给人一种缺乏兴趣或者投入的感觉，别人会认为你没有权威，缺乏信心。

我们应该昂首挺胸。站立的时候，应该保持脚打开的与肩膀同宽，身体稍微向前倾一点，这样就可以给人一种非常投入和热情的感觉。肩膀略向前倾，会显得你更有男子气概。头部与身体也要保持直立，不要驼背或者倚靠在桌子上或讲台上。

5. 过多地使用手势

在发言的过程中，如果你过多地使用手势，则会给人一种不自然、准备过度或者造作的感觉。你可以使用适当的手势来辅助你的语言，但千万别过度。有研究人员证明，手势通常反映了复杂的思想。听众可以从你的手势中判断你的掌控力、信心和能力。但是如果你总是刻意去模仿一个手势，则会被认为是造作，跟那种三流的政客没什么区别。

如果你不想在会议过后遭到同事和朋友的嘲笑，那么就减少使用过多的手势。

玩硬币、跺脚和其他不讨好的动作

如果你出现了以上的动作，则会表明你很紧张，很不自信或者是对小细节的不关注。如果你用一台摄像机去拍摄自己的表现，然后再用挑剔的眼神去看待自己，你是否会发现自己存在着那么多的不讨好的动作？曾经有一位写领导力的作家，举办了一次对自身规划的讨论。但是在整个谈话过程中，他总是不停的玩着口袋里的硬币，结果当然书没卖出很多。因为他自己在领导力上都没有拿到高分，如何去引导别人？

不停的跺脚、摸脸或者抖脚都体现了你的紧张，一旦你察觉到自己做了这些动作，应该马上改正它。

二、找出对方的喜好，放长线钓大鱼

当你在滔滔不绝地讲述你的观点时，你会发现对方好像有点心不在焉或者意图转移话题的时候，你也许会生气或者纳闷，对方为什么是这种态度？其实，在责问对方之前，你应该首先思考一下你的话题是否足够吸引对方，或者所说的是否是对方感兴趣的内容？

当你提出一个话题时，如果你发现对方脸上显出了冷漠的表情，则表明他不感兴趣或者不想谈这个话题了，因此你应该马上换一个话题。但是，还要注意的是，即使是对方感兴趣的话题，也不应该谈太多，因为一个话题谈得太久，只会令人疲倦和厌烦。要善于把握交谈的火候，及时地转换话题，让对方一直保持着浓厚的兴趣。

想要了解对方为何对自己的话题不感兴趣，就应该找出对方的"线"。并且立即抓住它。

1.掌握兴趣原则

应该尽量讨论双方都感兴趣的话题，少谈一些对方一点都不感兴趣的话题。比如你谈到"钓鱼"，而对方既不在行又不爱好，你却在那讲得津津有味和滔滔不绝，这时候对方根本就插不上话，久了自然就会感觉到疲倦和厌烦。如果是对方感兴趣的而自己不感兴趣的话

题，应该给对方适时的暗示，比如利用对方谈话中的内容把话题转移开去，或者利用对方谈话中的某个细节把话题转移到别的话题上去。

总之，我们应该尽量讨论双方都感兴趣的话题，然后进行互相补充和渗透。只有这样才最能调动别人的兴趣和热情，使对方不由自主地被你吸引。

2. 注意相似的特征

人们总是倾向于去注意那些在某方面跟自己有相似特征的人。在与陌生人交谈时，你能从各方面总结出对方的特征。在外地碰到老乡，你只要操一口乡音，就可以令人觉得很亲切，因为彼此的文化背景相同。在年龄上，通常是老年人喜欢跟老年人交谈，青年人喜欢跟青年人交流，这是由于年龄相似。但如果你与跟你年龄差距较大的人交谈，作为主动者，你应该提及对方年龄段关心的话题。如果是女青年，你从性别、年龄、籍贯、职业、婚否等逐步问下去，这样即使表达了你的关心，但难免也会令人产生怀疑和戒备。如果面对的是社会地位和经济条件不如自己的，千万不能摆架子，摆阔气，因为这样只会使人产生厌恶和不满，导致"话不投机半句多"的局面出现。

3. 要坦诚相待

第一次与别人见面交流，在自我介绍中不应该有自我贬低的言语，因为首先别人会认为你虚情假意或者言不由衷，其次别人可能会信以为真，对你不屑一顾。但是也要防止自我夸耀，因为那样只会给人夸夸其谈和华而不实的感觉，令人退避三舍。还要注意的是，当我们在努力激发对方的兴趣时，如果对方言语支吾，则表明对方不想谈及这个话题，这时我们应当立即转换话题，不能追根究底，为难对方，

图解微反应

或者打听对方的隐私，否则就会令对方产生厌恶的情绪，使双方之间的交流无法继续下去。

😀 三、应付自如，一切尽在掌握之中

在八种反应中，逃离反应往往是最隐晦和细小的反应，并且会随着不同的地点、人物和情景发生变化。因此面对不同的情况，我们应该要应付自如，把一切都掌控在自己手中。

在战国时期有一位著名的纵横家鬼谷子曾经对于与各种人交谈做出了精辟的总结："与智者言依于传，与博者言依于辨，与贵者言依于势，与富者言依于豪，与贫者言依于川，与战者言依于谦，与勇者言依于敢、与愚者言依于锐。说人主者，必与之言奇，说人臣者，必与之言私。"

这段话的意思就是：与聪明的人交谈，要见识广博；与见识广博的人交谈，要有辨别能力；与地位高的人交谈，要态度轩昂；与有钱人讲话，要语气豪爽；与穷人讲话，要动之以情；与地位低的人讲话，态度要谦逊有礼貌；与爱好争斗的人讲话要态度谦逊；与勇敢的人讲话，不能显示你的懦弱；与愚笨的人讲话，可以稍微展示自己的才华；与上司讲话，要用奇特的事情打动他；与下属讲话，要用切身利益说服他。

这就教我们应该随机应变，学会察言观色，面对不同的人，应该要用不同的方法和面孔去应对。这点在《红楼梦》中的王熙凤身上就是个很好的例子。她就像一个高级心理师，非常善于察言观色，见风使舵，经常还没等到对方说出口的话，她已经大概猜到了；对方刚说出来，她就已经准备应变的方法了。

在林黛玉刚进贾府时，王夫人问："是不是拿料子给黛玉做衣裳呀？"她回答道："我早就预备好了。"后来脂砚斋在评论《红楼梦》中这样说道：其实她并没有准备衣料，她是机变欺人，但是王夫人还是点头相信了。像这样能够顺应对方心意，能马上急转直下而又不着痕迹的本领，在《红楼梦》中恐怕也很只有凤姐才能做到这样，她这种机变的速度真是令人佩服。

只要掌握几种随机应变的方法，相信你也能把一切都应付自如，将那些谈判桌上出现"逃离反应"的人拉拽回来。

1. 最简单的：带标点符号的谈话

比如在谈话过程中，一直都是对方在说，你在听，他已经说了十句八句，你才嗯一句，说："嗯，是的。"这样就很难使两个人达到共鸣。就像两条平行线，永远都只是相互延长着，不会交叉到一起。如果是你说一句，我说一句，则很容易使两人成一条交叉线，也说明了两人有共同语言，这样才能产生理想的谈话效果。

其实都是带标点的谈话。如果对方说完半句或者一句时，你就轻轻嗯一声；他又说一句，你就微笑一下，表示听懂了；他再说一句半句，你又微微点点头，这便是在打逗号。他说了一句，你表示很惊奇，说："啊……"以表示惊讶，就打的是感叹号。

同样的，如果对方说关于这个项目有好几个方案的，你就问："有多少个方案呀？"这就是在打问号。在谈话的过程中，那还可以有冒号，"您说的是指？"破折号也是一样的，比如："是——"。这样你就可以马上把对方的话接应下来了，可以使自己迅速地与对方打成一片，形成融洽的关系。

2. 最直接的：使自己的声音充满魅力

很多人都喜欢听相声，那么，人们为什么爱听相声呢？为什么这种盛传了上百年的相声艺术会经久不衰呢？其中的一个重要原因是相声演员们的声音充满了魅力，能吸引听众。如今，著名的相声大师如侯宝林、马三立等人的精品相声段子都还在广为流传，被人们津津乐道，

声音是语言的载体，是我们了解外界的媒介。美妙的声音总是能令我们感到舒适，甚至是一种美的享受。要不然宋世雄、赵忠祥等人的声音为什么感动了那么多人呢？人们总是会被具有磁性的男中音所吸引，当人们处于茫然无助时，这种温暖人心的声音能给人力量，给人信心重新振作起来。

声音既然具有如此大的力量，那么要想使自己的声音具有魅力，就要提高自己的口语交流能力。

3. 要发音准确，吐词清晰

读错字或者发错音，都会闹出笑话，再怎么悦耳的声音也没有了魅力；如果总是吐词不清或者含含糊糊，则会使听众听得很吃力，甚至没什么兴趣去听了。

4. 要注意声调和语调

声音的高低抑扬是由声调和语调决定的，声调是每个词的调子，语调是整句话的调子。语调有降调和升调两种，随着句子的语气和表达者感情的变化，又可以变化成多种类型。语调的作用是区分句子语气和意义。如降调说："你干得不错。"是陈述句，表达肯定和鼓励。如果变成升调，则是疑问句式，代表讽刺和不信任的意思。在交谈中

我们应该把握语调，以增加自己的说话魅力。

5. 要注意说话的速度节奏

内心情绪的变化会影响说话的速度节奏。速度节奏的控制和变化通常是通过语调的轻重强弱、吐字的快慢断连、重音的各种对比，以及长短句式、整散句式、紧松句式的不同搭配来实现的。人们应该掌握好这些规律，做到语速的快慢适中。快而不乱，慢而不断，使语言的形象美感得到增强。

除此之外，说话时的语气也能提高口语的发送能力，从语言的音强变化等方面来对语音形象进行改造。

声音是语言的载体，悦耳的声音可以给人一种美的享受。"余音绕梁，三日不绝"，说得就是如此。因此我们在讲话时，应该注意使自己的声音充满魅力，这样才能对别人形成感染力，去打动别人。

6. "万变不离其宗"的原则

原则一：注意观察他人

在说话之前，应该仔细观察我们面对的是什么人。比如我们面对的是一个豪爽的人，那我们说话的语气就应该豪爽一点；如果我们面对的是一个内秀的人，那我们讲话的时候就应该文明礼貌一点。与"见人讲人话，见鬼讲鬼话"有点相似，这样才能受到大家的喜爱。

原则二：注意结合周围情景

在说话前，我们应该结合当地的文化背景，以及当时的情景，避免说出不合时宜的话来。因为每个人都有自己的说话风格，如果我们在说话时能抓住对方的说话风格和喜好，说对方乐意听、愿意听的话，那么很快就能受到他的欢迎。

第四节　迎接挑战，建立自己的帝国

在与人打交道中，要学会尊重别人的空间，包括权利空间和私人空间。一般情况下，不要去侵犯他人的"领地"，因为每个人都有自己的"领地意识"。

在职场中，这种"领地意识"也表现得非常明显。尽管你可能并未察觉到这种领地意识，但是它的确是存在的。不能去忽视它，更不能去侵犯它。跟同事相处，我们应该察言观色，去观察对方的姿态和动作，判断其内心是否具有安全感。如果激起了对方强烈的不安全感，则证明你已经侵犯了他的"地盘"。不要轻易去侵犯别人的领地范围，同时，我们也应该保护自己的领地范围，去迎接一切挑战，建立属于自己的帝国。

一、明确领土，不侵占别人的地盘

每个人都有属于自己的"领土"，只不过有时候它是以一种无形的方式出现的。所以我们会经常忽视它的存在，而在很多时候，这恰恰会导致我们无意之间就侵占了别人的地盘。

在人际交往中，这种领地界线经常被我们超越。而当我们愤怒、

沮丧或者抱怨身边的人或事物时，这时候，我们就需要设立自己的领地界线了。

但是要注意的是，跟别人明确界限的时候，要平和地讲清楚，不要怒气冲冲，尽可能用词简练。如果你没打算对你的界限进行维护的话，你最好还是别设立的好。

我们应该要清楚知道哪里是属于别人的界限，不去轻易侵占别人的地盘，这样才不会出现冲突和矛盾。

在一家公司里有两个同事，一个叫格伦达，另一个叫山姆，他们都相处得还不错。山姆是销售金融产品的销售代表，和其他的销售人员一起在大办公区工作，每个人都是一张电脑桌、一台电脑、一部电话，没有一点隐私可言。而格伦达是公司分管销售的副总裁的行政助理，拥有自己的格子间，相对来说要隐蔽得多。

一天，山姆跑过去问她，能不能在午餐时间在他的格子间打个电话。他非常诚恳地说："你也知道，大办公区吵得要命，也没有一点隐私可言，如果我用自己手机打的话，又要去外面打了。"格伦达本来也觉着自己有个专属办公区很内疚，而且她觉得山姆人还不错，所以就答应了。

可是过了两个月后，格伦达已经无法把山姆从自己的空间挤出去了。因为每次她中午吃饭回来，总是能找到山姆来过的痕迹，桌上的面包屑，废纸篓里的易拉罐，还在便条本上乱写乱画。

她本来想向山姆表达自己的愤怒的，但想了想，觉得不能这么做，而且山姆身边天天都围满了人，也不容易。

后来有一天下午，她吃完午饭回来，又看到山姆占据了自己的地盘，斜坐在他的椅子上，脚架在她的办公桌上，正全神贯注地打电话，格伦达简直不敢相信自己的眼睛，当山姆察觉时，他微笑着举起食指，意思是再等一下。

这时候她退出了格子外，站了 20 分钟后，她发现自己还是热血沸腾，怒气冲冲。

格伦达把自己陷入了一个人际关系的两难境地。一开始她只是向同事表示友好，认为只是帮一次忙而已，谁知道竟造就成了一场噩梦。而另一方面，山姆只是把格伦达的默许当成了大开绿灯，所以只要是格伦达不在，他就可以进出她的格子间。

其实也不能责怪山姆太过随便，因为两人对人际界限的看法不同，对私人空间的看法大相径庭。

山姆认为使用同事的东西没关系，就像使用自己的一样，但是格伦达就不同了，他认为这是对他的不尊重和冒犯。所以要想解决这个问题，就必须主动明确界限。在山姆使用她的空间前，就必须了解她可以允许的界限范围。

建立自己的帝国

界限就是界定疆界、保护疆界内居民的限定因素。

通常所说的疆界是指地理上的疆界，是清晰可见的，所以很容易区分和辨认。当我们离开一个地方来到另一个地方时，路牌会明明白白地告诉你。国界能清楚地表明国家间的界限，通常土地所有者用

门、篱笆或者其他标志物来界定自己所有权。而我们现在所谈的人与人之间的人际界限，不同于地理上的疆界，是为了界定和保护人与人之间在身体上、情感上和心理上的领土的限定性因素。

与地理界线相比，它们更难以辨认。这就意味着除非当事人告知你，不然你就很难知道自己是否跨越了别人的界限。

还有，人际界限没有一个具体的标准，每一个人的习惯和风格不同，所以就有不同的界限和准则。

在人际交往中，我们必须首先清楚对方的领土范围，了解对方可以接受的界限范围，尽量不去侵占对方的地盘。以引发对方的不悦与愤怒，造成彼此之间的不愉快。

☻ 二、培养战友，建立自己的领地

在当今职场，可能你会感叹，人们越来越现实了，当出现利益纷争时，都立马为自己谋算。尽管现实是这样，因为自私是人的本性，可以理解。但当困难来临时，我们还是应该信任别人，这样才能取得别人对你的信任。如果你不信任你的同事，那么你就会疑神疑鬼，活得疲劳不堪。其实很多时候，同事就好像战友，当敌人进攻时，你只有放心的将你的后背交给你的同伴，才有可能去战胜敌人。如果你不放心背后的战友，那么可能你一回头就会中枪。

因此，只有当自己付出了全部的信任，才能换来他人的信任，

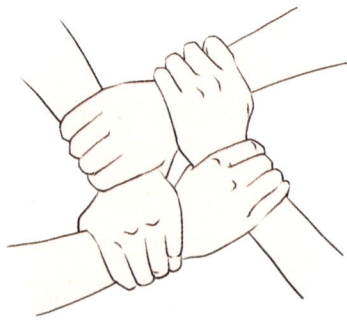

培养亲信

成为同一个战壕的战友。即使偶尔你被欺骗了，也不要因此就去欺骗他人，因为那样只会摧毁你在大家心目中树立起来的诚信，进而影响你的成功。

小霞是一家公司的新员工。有一次公司组织活动，活动中做了这样一个游戏，选择一个人站在高台上，背向同事，然后倒在同事的手臂里。这个游戏的目的就是要你相信自己的同事，放心地把自己的后背交给他。

活动开始的时候，大家都很害怕，不敢上去。因为人家都知道背后伤人最容易。小霞也很紧张，但是她还是第一个站了出来。走上高台，并且毫不犹豫地倒了下去，同事们牢牢地把她托住了。结果这次活动以后，小霞成了同事中最受欢迎的人，也是实习生中最先转正的人。

在职场中，每个人都是透明的。如果你不放心把自己托付给别人，那么别人也不会放心把自己托付给你。如果你坦然地把自己的后背交给别人，那么恭喜你，你很快就会得到老板的赏识和同事的喜爱，你的职场路会越走越顺。因为如果一个人放心把自己的后背交给别人，要么就是他心胸坦荡，要么就是他背后有一群值得托付的"亲信"，无论是哪一种，这种人都很容易获得成功。

结语：微反应，人的真情流露

◆ Micro-expressions ◆

《图解微反应——教你一分钟看透人心》全书看完，可能有人会问，微反应和微表情有什么关系？

其实微反应和微表情的关系是非常密切，"微反应"在通常的语境下，会让人直接联想起身体的动作反应，也就是身体的微反应。身体因应周围环境的各种刺激，而做出的反映自身真实想法的各种反应。和微表情的起因基本一样。只是这个是全身的动作反应，而不局限于脸部。

微反应和微表情也一样是源自各种动物性的本能反应，因为在动物的世界里不存在所谓的"装"，全是本能的流露。而人类的头脑比起其他动物发达，会学习，也会创新。于是学会了"装"，学会了各种谎言和欺骗。

不过。当一个人遇到危及自己生存和发展的威胁时，还是会退回到原始动物的水平，动物性反应会取代各种理性的反应。这种动物性反应，也就是微反应。

一个人即使再虚伪，他（她）都无法控制自己的微反应，微反应不受个人思想的控制，是人类受刺激后的自然反应。再能装的人，第一瞬间出现微反应也会是真实的，接着才是各种装出来的反应，分析对方的微反应和之后出现的各种掩饰反应，真相就已经在你面前了。一分钟的时间，就已经足够让你看透人心。你就可以对症下药地去影响和引导他人，最终在工作和生活上立于不败之地。

人可能因为自己的修养、学识、阅历、性格等原因，掩饰自己的真实感情和感受。现代社会每一个人都是演戏的高手，都可以成为影帝影后。明明很讨厌一个人却要装作喜欢，这还是小伎俩。最可怕的是那些生意上的合作伙伴，今天与你把酒言欢，明天就给你下套；工作上的同事，今天与你称兄道弟，明天就将你出卖。知人知面难知心。所以，我们才有必要知道如何掌握他人内心的真实想法。

本书提供了各种辨识微反应的方法，包括冻结、逃离、战斗、爱恨、安慰、领地、仰视、胜败八种人类最原始的反应和各种微反应的实用案例。无论你身处于哪种情境之中，都可以作出很好的判断。通过对方的各种语言、表情、身体动作等观察，可以立即知道对方的真实想法，识别对方的谎言。面对可能存在的危险，识别谎言可以引起自己的警觉，减少各种不必要的损失。

学会观察人的微反应，一分钟之内，你就可以看透人心！